비파괴 검사

양 성 용 저

도서출판 상 학 당

세월은 참으로 빠른 것 같다. 비파괴 검사를 전공한 지 벌써 6년이 되었다. 전공전환 정책에 의해 새로운 분야를 처음 맡았던 당시가 아련하기만 하다. 아마 시대의 흐름에 따른 변화는 앞으로도 계속되지 않을까.

거제라는 지역의 특수성과 대학과의 연계성을 볼 때 조선이나 기계는 가장 유망한 분야이다. 주변상황과 특성화 정책에 의해 맡게 된 선박검사라는 분야는 처음에는 낯설고 두렵기도 한 전공이었다. 하지만 비파괴 검사로 한정되고 그 가운데서도 자분탐상검사와 초음파 탐상검사는 그 핵심이 전기・전자를 기초로 하고 있다는 점이 위안이었다.

처음 2006년 주)디섹에서 연수를 받으면서 많은 도움을 주셨던 팀장님 이하 각 파트의 부장님들, 아직도 기억이 생생하다. 서로 어떻게 해야 할지 몰라 혼란스러웠지만 나에게는 모든 것이 새롭기만 했었다. 바쁜 가운데서도 도움을 주신 그 분들에게 이 지면을 빌어 감사하다는 말씀을 전한다.

전공 기자재를 구입할 때부터 매 방학마다 서울을 오가면서 관련된 연수를 했고, 한 해 두 해 학생들과 동고동락하면서 부족한 부분을 하나씩 채워나갔다.

학생들과 함께 하면서 아쉬웠던 점은 기존에 나와 있는 비파괴 전문교재가 너무 어렵다는 것이다. 해당 분야의 전문교재로써는 손색이 없지만 관련 과목이 적은 2년제 과정에서는 이해하기가 어렵다는 의견이 많았다.

그래서 꼭 필요한 내용을 이해하기 쉽게 정리된 교재를 만들어야겠다고 생각하였고, 그 후 몇 년의 준비과정을 거쳐 두 권의 교재를 출판하게 되었다. 첫 시작으로 《초음파 탐상검사》를 먼저 집필하였고, 이번에는 비파괴 전체를 다루는 《비파괴 검사》를 집필하게 되었다.

교재를 만들면서 고민하였던 것은 많은 내용을 다루기보다는 조선분야 현장에서 알아야 할 중요한 내용을 선별하는 것이었고, 짧은 기간에 기초분야를 다 배우기가 어렵기 때문에 이 한 권에서 필요한 내용을 모두 언급하여 쉽고 편안하게 공부할 수 있도록 하는 것이었다.

이 교재는 III부로 구성된다. I부에서는 비파괴 검사방법에 대한 전반적인 내용에 대해 설명하였고, II부에서는 비파괴 검사방법 중에서 자분탐상검사에 대하여 더욱 상세하게 설명하였다. 그리고 III부에서는 비파괴 검사를 보다 잘 이해하기 위하여 밀접한 관련이 있는 용접과 철강을 포함시켜 도움을 주고자 하였다. 이 두 분야는 짧은 시간에 많은 것을 배워야 하는 학생들에게 도움을 주고 저자가 학생들에게 이해하기 쉽게 설명하기 위한 것이다.

이 교재가 마무리 되는 시점에 둘째 현동이도 원하는 대학에 들어가게 되어 마음이 한결 가볍다. 그리고 학업과 연구에 배려를 아끼지 않은 아내에게 감사의 말을 전한다.

이 교재의 출판을 위해 애써주신 상학당 남승우 사장님, 원고작성에 많은 도움을 준 나 선생님과 서 선생님, 그리고 이제는 새로운 사업체를 만들어 이끌게 된 이태영 대표님께 회사의 무궁한 발전을 빌며 지면을 빌어 감사의 말씀을 드린다.

저자 씀

I부 비파괴 검사 개론 9

II부 자분탐상 79

Ⅲ부 결 함 149

Ⅰ부

비파괴 검사 개론

1장
비파괴 검사 개론

1. 개 요

1) 비파괴 검사

검사란 제작된 제품이나 제작에 사용되는 재료, 부품, 구조물 내·외부에 이상이 없으며 원래 기능대로 수행할 수 있는지를 판정하는 것을 말한다. 제작된 제품이나 제작에 사용되는 재료(소재)에 크랙(금, 흠)이 발생되어 파손이나 파단이 발생할 가능성이 있다면 원래 기능을 제대로 수행할 수 없기 때문에 결함을 제거하거나 이에 대한 대비가 있어야 한다.

검사하는 방법에는 눈으로 보는 방법, 관측 장비를 이용하는 방법, 파괴하여 확인하는 방법 그리고 변형이나 파괴하지 않고 확인하는 방법으로 구분 할 수 있다. 파괴하지 않고 검사하는 방법을 비파괴 검사라 한다. 비파괴 검사는 방사선, 초음파, 전자기파, 유체 등을 이용하여 재료나 부품, 구조물 등을 분리, 파괴, 손상을 입히지 않고 대상물이 가지고 있는 고유 특성을 이용하여 그것의 성질이나 상태, 내부구조 등을 알아내어 원래 기능을 제대로 수행할 수 있는 지를 판정하는 것이다.

2) 시험과 검사

시험(test)과 검사(examination/inspection)는 분명히 다른 뜻을 가지고 있는 용어이다. 그러나 실무에서는 이 두 용어를 명확하게 구분하지 않고 비슷한 개념으로 동일시하여 사용하고 있다. 하지만 상황에 따라서 두 용어를 엄밀히 구분하여 사용해야 할 필요성도 있고 시험(test)은 대상물을 시험하여 대상물 상태를 파악하는 것을 말한다.

검사는 Inspection 또는 Examination 이다. 이는 시험을 통하여 확인된 대상물 상태와 구조을 확인하고 이를 토대로 대상물이 원래 기능을 정상적으로 수행할 수 있는지, 내구성은 잘 유지되는지를 분석한 후에 사용 유무를 판정하는 것이다. 하지만 현장에서는 비파괴 검사와 비파괴 시험에 대한 차이를 구분하지 않고 혼용하여 사용하고 있음을 알아두자.

비파괴 평가(NDE)는 대상물이 사용되는 환경이나 운용상태, 운용조건 등을 파악하여 수명을 예측하여 이상 유무를 파악하는 비파괴 측정방법이다.

- NDE(Nondestructive Evaluation) : 비파괴 평가는 대상물을 재료 상태나 사용환경 그리고 운용조건 등을 고려하여 수명을 파괴 역학적으로 예측하므로 이상 유무를 판단하는 기법이다.
- NDT(Nondestructive Testing) : 비파괴 시험은 대상물 관리나 현 재료 상태를 확인하는 기법이다. 대상물을 분리하거나 파괴하지 않고 원형을 그대로 유지한 상태에서 대상물 내부 또는 외부 상태 또는 대상물이 갖는 성질이나 구조가 그대로 유지되고 있는지를 조사하는 과정 전체를 말한다. 따라서 비파괴 시험을 통하여 어떤 결함이 존재하는지, 결함으로 인하여 사용에 어떤 문제가 발생하는지, 성능에는 어떤 이상이 발생하게 되는지 등을 종합적으로 조사할 수 있다.
- NDI(Nondestructive Inspection) : 비파괴 검사는 비파괴 평가나 비파괴 시험을 통하여 도출된 결과를 이용하여 대상물에 어떤 결함이 존재하는지를 확인하고 발견된 결함이 정상적인 사용에 영향을 미치는지 성능에는 영향을 주지 않는지 등을 종합적으로 분석한 후에 결과를 토대로 이상 유무를 판정하는 기법이다.

2. 비파괴 검사 주요 목적

비파괴 검사가 가지고 있는 주요 목적은 제품(대상체)이 정상적인 동작을 할 수 있는지를 확인하고 이를 토대로 사용여부를 보증하여 신뢰성을 향상시키는 것이다. 그리고 발생되는 결함 원인을 분석하여 결함이 발생하지 않도록 개선하므로 제품 기능에 대한 신뢰성 향상과 제조기술을 발전시키는 기능도 함께 가지고 있다.

검사하는 시기는 제품을 구성하는 재료들을 부품 단계부터 시작하여 사용중에도 정기적으로 검사하게 된다. 왜냐하면 제조하고 가공하는 단계마다 고유결함이 발생하기 때문이다. 단계별로 결함이 발생할 수 있는 상황을 살펴보자.

- 제품에 사용되는 재료를 만드는 과정에서 발생된다.
- 재료를 가공하고 조립하는 과정에서 발생된다.
- 제품을 사용하는 중에 발생된다.

결함은 제작에서 각각의 단계마다 발생될 수 있기 때문에 매 단계마다 검사하고 모든 제작이 완료된 후에도 검사한다. 그리고 사용 중에도 일정한 주기마다 반복적으로 검사를 통하여 제 기능을 유지하고 있는지, 계속 사용하는데 문제가 없는지를 확인할 필요성이 있다.

제품이나 부품 검사에서 균열이 확인되어도 바로 결함으로 판정되지 않고 균열이 발생한 위치, 균열 형태, 종류, 크기 등을 토대로 제품기능이나 수명에 미치는 영향력을 종합적으로 분석한 후에 결함여부를 판정하게 된다.

검사를 통해 나온 결과를 분석하면 제품에서 어떤 부위에 결함이 자주 발생하는지, 발생되는 결함이 어떤 원인에 의해 발생되는지 등을 파악할 수 있다. 이 결과를 토대로 제작 공정을 보완하거나 결함이 적게 발생하는 재료를 사용하거나 하는 보완적인 방법을 사용함으로 제조기술을 개선하거나 향상시킬 수 있다.

매 공정마다 비파괴 검사는 수행하면 결함을 가진 부품을 조기에 발견하여 사용을 방지함으로 재료의 낭비와 시간을 절약하여 원가를 절감할 수 있다. 품질관리의 일종으로 제품에 결함이 발생하는 것을 미리 방지하므로 제품품질을 높이고 비용을 절감할 수 있는 부수적인 효과로 볼 수 있다.

그리고 주기적인 검사를 통해 제품의 파손 가능성을 예측하거나 미연에 방지하므로 경제적인 관리도 가능하다.

- 결함(defect) : 제품 내・외부에 균열이나 이상 현상으로 시방서 또는 기준에 미흡되고 안정적인 동작을 보장할 수 없다고 판단되는 것을 말한다.

선박을 만드는 과정에서 살펴보면 선박 구조물은 수많은 블록으로 구성된다. 어떤 블록에서 용접된 부위에 미세한 균열이 발견되었다면 이 균열이 해당 블록 기능과 중요도에 어떤 영향을 미치는지를 확인하고 허용할 수 있는 균열인지 아닌지를 제시된 기준에 따라 검토한 후에 판정한다. 만일 결함으로 판정되면 해당 구조물은 해체하거나 재용접을 하여 결함을 제거해야 된다.

비파괴 검사에서 검사시 결함을 판정하기 위한 기준은 대상물의 사용목적과 기능, 재료의 종류나 구조물 형태에 따라 다양하게 제시되어 있고, 제시된 기준에 따라 판정하므로 대상물의 품질을 보증하고 신뢰성을 부여한다. 각 소재나 대상물의 구조나 기능에 따라 검사기법이 다양하게 개발되어 있고 계속적으로 수정되며 보완되고 있다.

이상에서 설명한 비파괴 검사목적을 정리하면 다음과 같다.

- **신뢰성 향상** : 제품 종류에 따라 적합한 비파괴 검사를 통하여 제품이 가지고 있는 원래의 기능이나 정상적인 동작을 보장하므로 제품을 신뢰하고 사용할 수 있게 된다.
- **제조기술 개선 및 보완** : 비파괴 검사에서 도출된 결과를 분석하여 결함이 발생하지 않도록 재료를 대체하거나 구조를 변경하거나 제작공정을 보완하게 하므로 제조기술을 향상시키는 역할을 한다.
- **품질관리와 원가절감** : 비파괴 검사를 통하여 불량을 조기에 찾아내거나 파손을 미리 예측하고 방지하므로 경제적인 관리가 가능하다.

3. 비파괴 검사 기본원리

소재나 재료, 부품, 구조물 등이 가지는 물리적 성질이나 특성 중에서 조직 이상이나 발생된 결함정도를 파악하고 이로 인해 물리적 성질이 변화하는 것을 측정하기 위해 비파괴적인 방법으로 검사한다. 검사하는 방법은 검사할 소재가 가지고 있는 여러 가지 성질을 이용하여 검사한다.

소재나 재료를 파괴하면서 특성을 찾아내는 검사방법은 파괴역학적인 재료시험이라 한다. 소재가 가지는 성질을 이용한 검사방법은 다음과 같이 구분할 수 있다.

- **광학적, 색채적인 성질** : 외부 상태를 눈으로 검사한다.
- **음향적인 성질** : 음향이나 초음파를 이용한다.
- **열의 성질** : 열의 전도도나 팽창이나 수축 등의 열에 대한 성질을 이용한다.
- **전자기적인 성질** : 자장의 변화나 전류변화를 이용한다.
- **방사선의 투과력** : 방사선은 대부분의 물질을 투과하는 성질을 이용한다.

4. 비파괴 검사 종류

비파괴 검사에 사용되는 방법들은 방법마다 고유한 특징을 가지고 있다.

육안검사나 침투탐상, 자분탐상 등은 대상체(검사체, 시험체) 외관이나 표면에 발생하는 결함을 검출할 수 있다. 이 방법으로 내부에 존재하는 결함은 검출이 어렵다. 내부를 검사하는 방법은 방사선 검사, 초음파탐상, 와전류탐상 등이 있다.

비파괴 검사에 사용되는 검사종류는 다음과 같다.

- MT(Magnetic Test) : 자분탐상검사
- UT(Ultrasonic Test) : 초음파 탐상검사
- RT(Radiographic Test) : 방사선 투과검사
- PT(Penetrant Test) : 침투탐상검사
- LT((Leak Test) : 누설탐상검사
- VT(Visual Test) : 육안탐상검사
- ECT(Eddy Current Test) : 와전류 탐상검사
- AET(Acoustic Emission Test) : 음향방출 탐상검사

표 1-1 비파괴 검사 비교

검출위치	검사 방법	특 성
표면 결함	육안탐상검사(VT)	• 눈, 측정장비, 광학장비를 이용한다. • 외부에 발생되는 균열이나 부식상태를 확인한다.
	자분탐상검사(MT)	• 표면이나 표면부근 결함검출에 이용된다. • 재질이 자화가 되는 강자성체만 가능하다.
	침투탐상검사(PT)	• 표면 결함검출에 이용된다. • 재질 종류에 상관없다.
	와전류 탐상검사(ECT)	• 봉이나 관에 발생하는 결함검출에 이용된다. • 표면 및 표면부 결함을 검출할 수 있다.
내부 결함	방사선 투과검사(RT)	• 재질 종류에 상관없이 검사가 가능하다. • 인체에 위험하다. • 촬영 후 필름을 인화하는 과정이 필요하다.
	초음파 탐상검사(UT)	• 재질에 상관없이 검사가 가능하다. • 내부검사에 이용된다. • 기술발전으로 사용범위가 넓다. • 결함 판독에 많은 지식과 경험이 요구된다.
누설 결함	누설탐상검사(LT)	• 추적 가스나 누설 가스를 사용하여 화학적 반응, 압력변화를 이용하는 검사법이다.

2장 자분탐상검사

1. 개 요

1) 자분탐상

자분탐상은 시험체가 자장을 가지도록 자화시켜고 자화된 자장을 이용하여 검사하는 방법이다. 자화된 시험체는 자장을 가지게 된다. 이때 시험체에 형성되는 자장은 시험체 표면이나 표면부에 크랙이 존재하는 경우에 여기에서 자장이 누설되는데 이를 누설자장이라 한다. 표면에 크랙이 없으면 누설되는 자장은 없다.

누설자장이 형성되는 여부는 눈으로 확인되지 않는다. 이를 확인하기 위해서는 철가루(자분)를 이용하면 된다. 자분이 누설되는 자장에 의해 달라붙기 때문이다.

전자석으로 예를 들어 보자. 전자석 위에 종이를 두고 작동시킨 후에 종이에 자분을 뿌려보자. 자분은 전자석의 자장(자기력선의 집합)이 형성되는 형태를 지시하는데 자장이 형성되는 모양 그대로 나타난다. 같은 원리로 시험체를 자화시킨 후에 시험체에 자분을

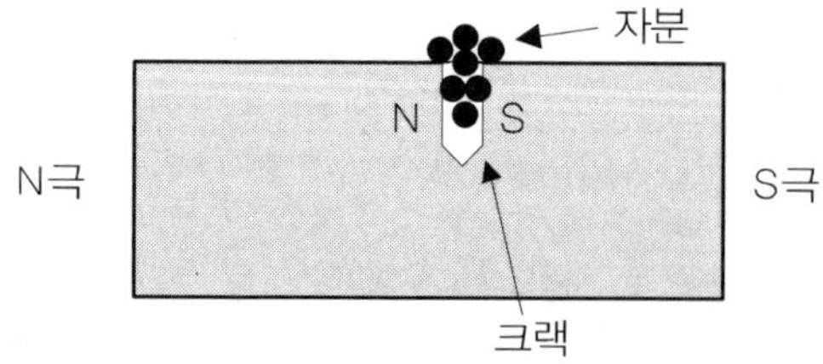

(a) 표면결함이 있을 때

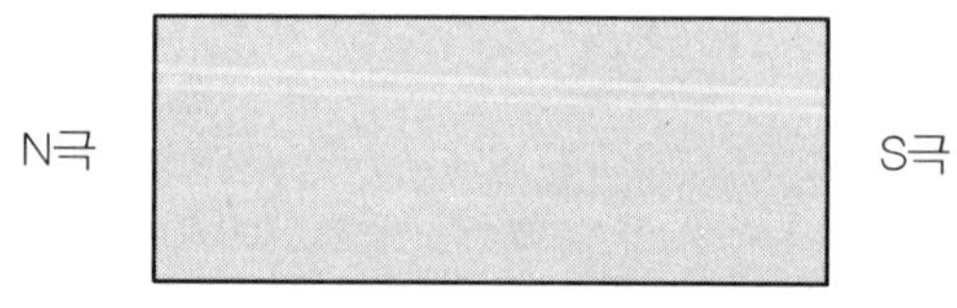

(b) 표면결함이 없을 때

그림 2-1 표면결함(크랙)을 지시하는 자분

적용(뿌리면)하면 누설자장이 있는 곳에는 자분이 모여 지시하게 된다. 누설자장이 어떻게 발생되는지 살펴보자.

시험체에 크랙이 생기면 표면의 일부가 불연속하게 된다. 이는 자장의 연속성을 끊어지게 한다. 자장은 연속성이 끊어지면 새로운 자극이 생기기 때문에 누설자장이 발생한다. 표면에 크랙이 생기게 되면 크랙의 양 면이 아주 미세한 N극과 S극을 가지게 된다. 이 자극으로 인해 새로운 자장이 형성되는데 이 자장은 외부로 형성된다.

외부로 형성되는 자장은 크랙이 표면에 있을 때 가장 크다. 내부로 들어갈수록 외부로 형성되는 자장이 약해진다. 만일 내부에 깊게 위치하면 결함 주위로 새로운 자장이 형성되지만 표면까지 영향을 미치지 않기 때문에 표면에 적용되는 자분은 아무 변화가 없다.

따라서 자분탐상검사는 시험체 표면이나 표면부 검사에 적합하고 내부결함 검사에는 사용하지 않는다.

2) 자 장

영구자석은 영구적으로 자성을 가지고 있는 자석을 말한다. 자석은 금속물질을 끌어당기는 자력을 가지고 있다. 자력은 눈에 보이지 않지만 자력방향과 움직임을 가상의 선으로 표현하고 있다. 이 선을 자력선 또는 자기력선이라 한다.

자기력선은 눈에 보이지 않지만 간접적인 방법으로 확인할 수 있다. 막대형 영구자석 위에 종이를 올리고 종위위에 철가루(자분)를 뿌리면 철가루가 자기력선이 형성되는 형태로 배열하게 된다. 이를 통해 자기력선 모양을 확인할 수 있다. 자기력선은 N극에서 나와 S극으로 들어가는 형태이다. 연속적이고 회전하는 폐루프이다. 자기력선이 나오고 들어가는 끝부분을 자극이라 한다.

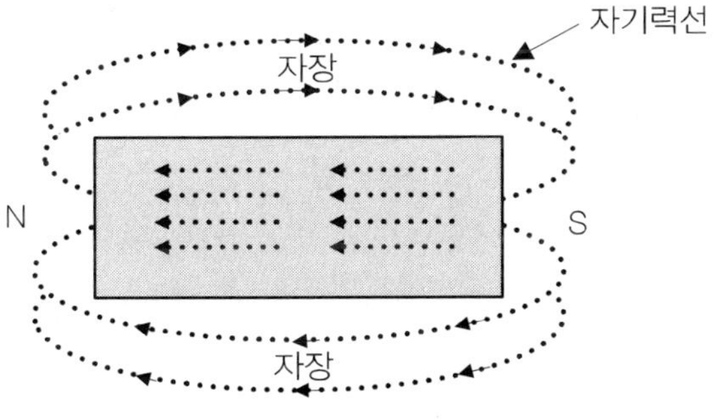

그림 2-2 자장과 자기력선

자기력선이 영향을 미치는 범위 전체를 자장이라 한다. 자장은 자기력선이 영향을 미치는 모든 영역을 통칭하는 말이다. 자장(자기력선)은 전자석을 이용하여 인위적으로 만들 수 있다. 도체에 전류를 흐르게 하면 도체 주위에 자장이 형성되기 때문이다. 강한 자장을 만들기 위해서는 도선을 코일형태로 감으면 된다.

전자석은 금속봉(쇠못)에 코일을 감아 만든 것이다. 전기(전류)를 흘릴 때 자장이 형성되고 전류가 없으면 자장이 발생되지 않는다. 자장강도(세기)는 흐르는 전류세기에 비례하기 때문에 전류를 많이 흐르면 강한 자장이 형성되고 전류를 적게 흐르게 하면 약한 자장이 형성된다.

도체(전선, 구리선이 사용된다)에 교류전류를 흘릴 때 도체는 그림과 같이 원의 형태로 자장이 형성된다. 직선 도체에 발생하는 자장은 약하지만 도체를 코일 형태로 감으면 자장밀집도가 높아지기 때문에 자장강도가 높아지게 된다.

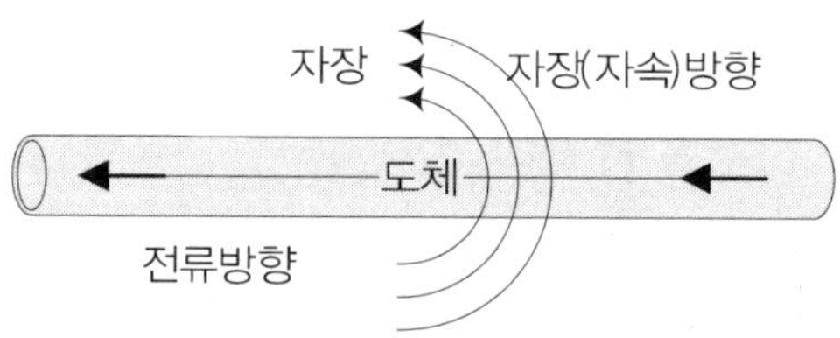

그림 2-3 전류가 흐르는 도체에 형성되는 자장

2. 자 화

1) 자화의 정의

외부 자장(전자석이나 영구자석을 이용한 자장)속에 금속을 두면 외부 자장에 의해 금속에 자장이 형성된다. 그리고 금속에 작용하는 외부 자장을 제거하면 금속이 약한 자장을 가지게 되는데 이를 자화라고 한다. 이러한 현상은 코일을 이용하여 형성되는 외부 자장으로 시험체를 자화시키는데 이용된다.

여기서 외부 자장을 제거한 후에도 시험체(금속)에 형성된 자장이 완전히 없어지지 않는 것은 시험체가 스스로 자성을 가지게 된 것인데, 이 자장은 외부에서 가해진 자장이 시험체에 계속 남아있는 것으로 보고 이를 잔류자기라 한다. 자화되는 정도는 시험체가 잔류자기를 얼마나 많이 가지는가에 달려있다. 잔류자기에 대한 자세한 내용은 II부 자분탐상검사에서 다루도록 한다. 자화시킬 때 적용하는 자장은 자장을 형성하는 방법에 따라 선형자화법(longitudinal magnetization)과 원형자화법(circular magnetization)으로 구분한다.

2) 자화법의 종류

① **선형자화법**은 코일(coil)이나 솔레노이드(solenoid)에 전류를 흘릴 때 발생되는 자장을 사용하여 자화시키는 방법이다.

코일 속에 시험체를 둘 때 시험체 축방향인 길이방향으로 놓이게 된다. 따라서 코일에 의해 발생되는 자장방향은 시험체 축방향을 따라 직선으로 형성되는데 이러한 자장형태를 선형자장이라 한다.

자장강도(세기)는 흐르는 전류세기, 코일 감은 횟수(turns), 코일 지름에 의해 결정된다. 지름이 큰 시험체는 도선을 시험체에 코일처럼 감아서 자화시키는 방법을 사용하고 시험체 크기가 작은 경우에는 적당한 지름을 가지는 코일에 시험체를 넣어 자화시킨다. 선형자화법에는 코일법과 극간법(yoke method) 등이 있다.

② **원형자화법**은 환봉이나 도선에 전류를 흐르게 할 때 원형으로 형성되는 자장을 이용하여 자화시키는 방법이다. 자장이 형성시키는 자기력선 방향은 오른손 법칙에 의해 엄지가 가르키는 방향은 전류가 흐르는 방향이고, 나머지 네 개 손가락이 감싸는 방향은 자장이 형성되는 방향이다. 감싸 쥔 손가락처럼 자장은 원형으로 형성된다.

원형자화법으로 시험체를 자화시키는 제일 쉬운 방법은 시험체에 직접 전류를 흘리면 된다. 그러면 시험체가 도체가 되기 때문에 시험체를 중심으로 주위에 원형자장이 형성되게 된다.

시험체에 직접 전류를 흘리기 어려울 때는 시험체 내부에 도체를 넣고 도체에 전류를 흘리면 도체에서 형성되는 원형자장으로 시험체에 자장을 걸어 자화시킬 수 있다. 단 시험체 내부가 비어있는 경우에 가능하다. 이 방법은 축통전법이라 한다.

원형자화법에는 축통전법(head shot), 프로드법(prod), 유도전류법(central conductor)이 있다. 축통전법에는 시험체에 직접 전류를 흘리는 직접 접촉법과 시험체 중심에 도체를 넣어 간접적으로 자화시키는 중앙 전도체법이 있다.

- **축통전법** : 시험체에 직접 전류를 흘리거나 시험체 내부에 도체를 넣어 자화시키는 방법이다.
- **프로드법** : 두 개 전극을 이용해 시험체 일정한 범위를 부분적으로 자화시키는 방법이다.

• **유도전류법** : 외부에서 발생시킨 자장을 시험체에 유도시켜 자화시키는 방법이다.

원형자화는 자기력선이 시험체 내부에서 완전한 폐회로를 이루기 때문에 자극이 존재하지 않는 특성을 가지고 있다. 따라서 원형자화법에서는 결함(불연속)이 존재하지 않으면 누설자장이 없기 때문에 결함에 의한 자분지시가 명확하게 표시된다.

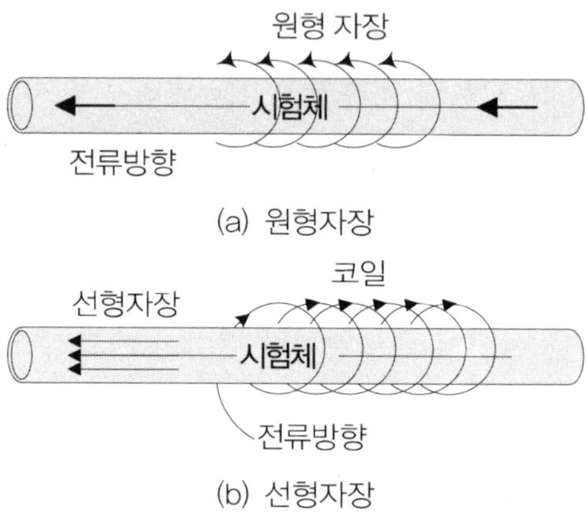

그림 2-4 원형자장과 선형자장

3) 자화 재료

모든 물질은 자화되는 특성에 따라 강자성체, 상자성체, 반자성체로 구분한다. 물질은 내부에 자구가 있다.

• **자구** : 자성의 질을 가지는 가장 미세한 단위이며 분자단위 자석이다.

외부에서 자장이 가해지면 물질에 들어있는 자구는 자장 영향을 받아 재배열하게 된다. 모든 자구가 균일하고 일정하게 재배열하게 되면 자화가 잘되는 물질로 강자성체(ferromagnetic)라 한다. 자구가 일부만 재배열되면 물질은 상자성체(paramagnetic)라 한다. 외부 자장에 의해 자구가 반대 방향으로 재배열을 하여 외부 자장에 반하는 물질은 반자성체(dia-magnetic)라 한다.

(1) 강자성체

강자성체(ferromagnetic material)는 외부에서 강한 자장이 적용되면 외부 자장과 같은 방향으로 모든 자구(磁區 : magnetic domain)가 일렬로 배열하게 된다. 따라서 강한 자성을 가지게 된다. 그리고 외부 자장이 제거되어도 계속하여 자장을 유지하고 있다. 이러한 상태를 자화되었다고 한다. 강자성체는 상대투자율이 아주 높은 물질이다. 종류에는 철, 강, 니켈, 코발트 등이 있다.

자성을 제거하는 것을 탈자라고 하는데 역방향 자장을 이용하는 방법과 고온으로 가열하여 자성을 제거하는 방법이 있다. 열을 가하면 배열된 자구가 원래 무질서한 상태로 돌아가게 되는데 이때의 온도를 큐리점이라 한다. 큐리점은 물질종류마다 다르며 강은 760°이다.

(2) 상자성체

상자성체(paramagnetic material)는 외부에서 자장을 적용하는 동안만 자성을 가지고 있다가 외부 자장이 제거되면 자장을 잃어버리는 물질이고 자화가 되지 않는 물질이다.

상자성체 재질은 자구가 외부 자장에 의해 자장이 형성되는 방향으로 일부가 재배열하게 된다. 그리고 외부 자장이 없어지면 원래 상태로 돌아가는 특성을 가지고 있다. 상자성체 상대투자율은 거의 1에 근접하며 진공상태의 자기투자율보다는 약간 높다. 자화되는 정도가 약하게 때문에 자분탐상검사가 불가능한 재질이다. 재질에는 알루미늄(AL), 주석, 백금, 이리듐, 스테인리스, 플라티늄 등이 있다.

(3) 반자성체

반자성체(diamagnetic material)는 외부 자장에 반하여 반대되는 방향으로 자화되는 물질을 말한다. 자구 배열이 작용하는 자장에 반하여 형성되기 때문에 외부 자장 내에 있어도 자장을 가지지 않는다. 투자율(permeability)이 진공보다도 다소 낮으며 여기서 투자율이 낮다는 것은 자화가 잘 되지 않는 물질을 의미한다.

자화가 되지 않으면 누설자장이 발생되지 않는다. 따라서 자분지시가 불가능하여 자분탐상검사를 할 수 없다. 재질에는 금, 은, 수은(mercury), 구리, 비스무스(bismuth) 및 아연(Zn) 등의 금속과 유리, 산소를 제외한 기체, 물이 해당된다.

4) 누설자장

자장을 가지고 있는 재질에 불연속부가 발생하면 여기에서 새로운 자장이 형성되는데 이를 누설자장이라 한다. 자장을 가진 물체(자석)은 N극과 S극으로 구분된다. 이를 반으로 절단하면 N극과 S극으로 분리되는 것이 아니라 각각이 N극과 S극을 가진 새로운 자석이 된다.

만일 자석을 완전히 절단하지 않고 자석 표면에 약간의 흠을 내면 어떻게 될까. 흠이 발생되면 흠의 양쪽 단면이 미세한 N극과 S극으로 구분된다. 즉, 새로운 자극이 만들어지는 것이다. 자극은 자장을 형성하기 때문에 원 자석이 가지고 있는 자기력선 분포가 변하게 된다. 이는 흠을 통해 새로운 자장이 형성되기 때문인데 이 자장은 표면 외부로 누출되기 때문에 누설자장이라 한다.

예를 들어보면 막대자석 표면에 흠이 없을 때는 외부로 누출되는 자장이 없다. 따라서 자분(쇳가루)을 적용하여도 자석 표면에는 달라붙지(모이지 않는다) 않는다. 자석 표면에 약간의 흠집을 내면 이곳에는 자분이 달라붙는다. 이유는 흠집에 의해 새로운 자극이 만들어지기 때문이다.

3. 자분탐상법

1) 자분탐상법

자분탐상은 시험체가 자장을 가지고 있어야 가능하다. 시험체가 자장을 가지도록 하기 위해서는 전기를 이용한다. 전기는 적용방법이나 전류의 종류에 따라 특성이 달라지기 때문에 검사하고자 하는 시험체에 적합한 방법을 선택하여 자화시켜야 한다. 그리고 적용하는 자분도 종류에 따라 특성이 다르기 때문에 검사기준에 따라 적용하여야 한다.

자화방법은 연속법과 잔류법이 있다. 그리고 적용하는 자분은 건식과 습식자분이 있다.

검사에 사용되는 검사장비는 정치식, 휴대용, 프로드(prod)형, Yoke형이 있다.

표 2-1 검사방법 분류

분류조건	분 류
자화방법	연속법, 잔류법
자분종류	형광자분, 비형광자분
자분특성	습식법, 건식법
자화전류	직류, 3상, 교류
자화방법	축통전법, 직각통전법, 프로드법, 중앙전도체법, 코일법, 극간법(요크), 유도전류법(자속관통법)

2) 자분탐상법 순서

(1) 전처리

전처리(pre-cleaning)는 시험체 표면을 자분탐상검사를 수행하는데 적합하게 처리하는 것이다. 도장이나 이물질을 제거하고 매끄럽게 한다.

(2) 자화

자화(magnetization)에 사용하는 방법은 시험체 모양과 크기 그리고 검사하고자 하는 위치 등을 종합적으로 판단하여 선택한다. 자화방법에는 축통전법, 직각통전법, 프로드법, 중앙전도체법, 코일법, 극간법(요크), 유도전류법이 있다.

(3) 자분적용

자분적용(application of particles)은 검사를 요하는 시험체 표면에 균일하게 적용시키며 자분은 건식과 습식이 있고 이는 다시 형광자분과 비형광자분으로 구분된다. 시험체 종류와 모양 위치 등을 고려하여 자분을 선택한다.

자분은 전기나 부식에 민감한 부위에는 들어가지 않도록 잘 밀봉한다. 자분은 저보자성인 강자성체를 미세하게 분말로 만든 것이다. 자분은 지시할 때 관찰이 용이하도록 자기특성, 크기, 모양, 밀도, 유동성, 가시도 등의 특성이 좋아야 한다.

(4) 결함관찰

자분모양 관찰(inspection)은 원칙으로 자분모양이 형성된 직후에 행하여야 하며 형광자분과 비형광자분을 구분하여 관찰한다.

(5) 탈 자

탈자(demagnetization)란 검사 후에 남아 있는 자장 즉, 잔류자기를 제거하는 것을 말한다. 잔류자기는 다음 단계의 가공에 영향을 줄 수 있고 다른 계측장비에 영향을 미칠 수 있기 때문이다.

(6) 후처리

검사가 완료된 시험체는 표면에 적용된 자분이나 기타 이물질이 남아 있다. 이물질은 부식이나 마모 등을 일으키는 원인이 될 수 있기 때문에 완전히 제거해야 한다. 이를 후처리(post-cleaning)라 한다.

(7) 기 록

검사결과를 기록(recording)하는 것으로 검사자, 검사내용, 검사방법, 검사결과 등을 자세히 기록하여 보관해야 한다.

3장

초음파 탐상검사

1) 초음파 탐상법

초음파 탐상법은 초음파를 이용하여 물체 내부에 존재하는 결함을 검출하는 탐상법이다. 초음파 특성으로 매질이 달라지면 달라지는 매질 경계에서 반사가 일어난다. 이를 이용하여 물체 내부로 초음파를 입사시켜 물체 내부에 존재하는 불연속부(흠, 틈, 크랙)를 검출하는 기법이다.

초음파는 물체 재질을 매질로 하여 높은 주파수로 진동하면서 진행하는 음파이다. 진행중에 매질이 달라지면 그 경계면에서 일부가 반사되고 일부는 계속 진행하는 특성을 가지고 있다.

매질이 변화는 물체 내부에 틈이나 균열이 있는 경우이다. 틈이나 균열은 공기가 들어있는 빈 공간이기 때문에 매질이 변화된 것으로 본다. 초음파는 매질이 달라진 경계에서 반사되는데 이 반사파를 감지하여 물체 내부에 틈이 있는지, 크기는 얼마나 되는지, 위치는 어딘지를 검사할 수가 있다.

초음파를 사용하는 이유는 초음파에 해당되는 높은 주파수를 갖는 음파는 대부분 물체를 잘 통과(진행)하기 때문이다. 초음파는 물체 투과력도 좋지만 지향성이 우수한 성질, 동일 재질에서 속도가 일정한 성질, 온도변화에 대해 속도변화가 거의 없는 성질, 진행거리에 따라 초음파 빔 감쇠가 일정한 성질, 매질이 다른 경계면에서는 반사가 일어나는 성질을 가지고 있다.

결론적으로 초음파 탐상이란 매질을 따라 진행하는 초음파는 매질이 달라지거나 매질의 상태변화에 따라 변화되는 초음파 성질(산란, 감쇠, 반사)을 이용하여 물체의 내부 상태를 검사하는 비파괴 검사법이다. 초음파는 매질을 진행하는 중에 물체를 구성하는 입자의 미세한 변화에 따라 반사와 산란과 감쇠정도가 다르기 때문에 물체 내부 상태를 정밀하게 관찰할 수 있다. 따라서 초음파 탐상은 물체 내부를 파괴하지 않고 검사 가능한 비파괴 검사 기술 중에 중요한 방법으로 인식된다.

2) 초음파 탐상원리

초음파 탐상 기본원리를 살펴보자.

공기를 매질로 하여 진행되는 초음파는 벽이나 다른 물질을 만나면 반사되어 되돌아간다. 매질이 달라지기 때문이다. 따라서 초음파 진행속도를 알고 반사되는 신호를 분석(송신한 시간과 수신된 시간 차이)을 계산하면 반사된 벽면과 거리를 알 수 있다. 그리고 반사되는 신호들을 서로 잘 비교해 보면 반사된 면의 상태와 크기 등을 알 수가 있다.

박쥐가 어두운 동굴에서 벽에 부딪치지 않고 날아다닐 수 있는 이유도 송신한 초음파가 벽에 반사되는 정도를 구분하는 능력을 가지고 있기 때문이다.

한 개 이상의 매질이 동시에 존재하면 각각에서 반사파가 발생되는데 이때는 매질 거리에 따라 시간차를 가지기 때문에 구분이 가능하다. 따라서 두 반사파 거리를 잘 살펴보면 다른 매질들의 위치를 모두 알아낼 수 있다.

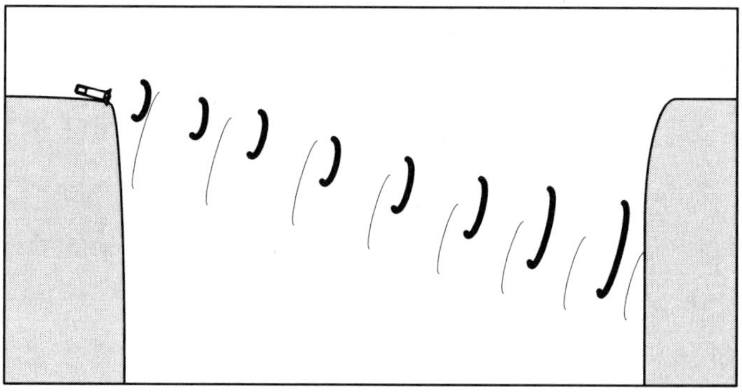

그림 3-1 매질이 달라질 때 초음파 반사

초음파로 탐상원리는 동일 매질에서는 초음파가 일정하게 진행해 나가지만 매질이 달라지면 반사가 일어나는 특성을 이용하는 것이라고 하였다. 여기서 초음파가 가지는 특성에 대하여 상세하게 알아보자.

그림 3-2 두 개의 다른 매질에서 발생하는 초음파 반사

초음파 진행은 물체를 구성하는 입자들이 진동하면서 진동 에너지가 파동의 형태로 주위로 전파되는 것을 말한다. 전파가 진행되는 거리가 멀어지면서 진동 에너지는 일정하게 손실된다. 진행(전파)에 따른 초음파 세기(크기)가 감쇠되는 정도는 진행되는 거리에 비례하므로 이론적으로 계산할 수 있다. 감쇠정도는 물체(재료) 종류 및 상태에 따라 정해지는 고유한 특성이 있어 측정값 변화를 분석하여 내부 상태(조직상태)나 기계적인 성질 등을 평가할 수 있다.

3) 초음파란 무엇인가

초음파는 음파이며 음파를 주파수별로 구분하면 귀로 들리는 가청주파수대는 음파라 하고 가청주파수보다 더 높은 주파수대 전체는 초음파라 한다.

- 음파 : 귀에 들리는 주파수(가청주파수), 20Hz ~20kHz
- 초음파 : 귀에 들리지 않는 높은 주파수, 20kHz ~

파는 진동이 전달(전파)되는 것이며 파의 진행은 파장과 주파수에 대한 특성을 가지고 있고, 진동은 진동변위와 주파수에 대한 특성을 가지고 있다.

① 파(wave)는 물체를 구성하고 있는 입자에 진동을 가하면 진동 에너지가 주위로 퍼져나가게 된다. 이때 퍼져나가는 형태를 "파"라고 한다. 호수에 물이 출렁일 때 출렁이는 물은 위아래로만 움직이고 옆으로는 진행되지 않지만 동심원을 그리는 물결(파)는 계속적으로 퍼져나가는 것을 볼 수 있다.

② 진동은 물체(입자)가 상하 또는 좌우로 흔들리는 것을 말한다. 입자가 위치를 바꾸면서 움직이는 것을 기계적인 움직임이라 한다. 물체가 하나의 점을 기준으로 상하좌우로

왔다갔다하는 기계적인 움직임을 진동이라 한다. 정리해 보면 진동이란 입자가 현위치에서 변하는 위치로 갔다가 다시 현위치로 되돌아오는 것을 반복하는 것이다.

③ **변위**는 물체(입자) 위치가 바뀌는 양(위치정도)을 말한다. 물체는 진동이나 외부 충격을 받으면 처음 위치에서 상하나 좌우로 왔다갔다 하면서 위치가 주기적으로 변하게 된다. 시계의 진자를 생각하면 된다. 이때 변화되는 정도(변화 폭)나 변화 크기를 말한다.

④ **주기(파장)**는 입자가 특정 위치에서 일정하게 왔다갔다하는 진동을 할 때 1회 반복하는 것을 주기라고 한다. 즉, 처음위치에서 변한위치로 갔다가 다시 처음위치로 돌아오는 것을 주기라고 하고 주기 단위는 시간으로 표현된다. 1회 진동이 한 주기이다.

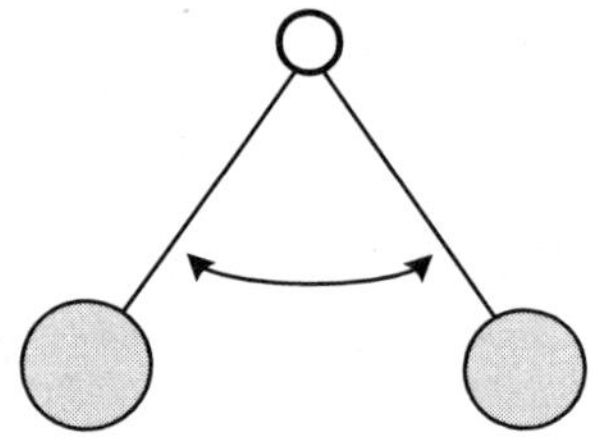

그림 3-3 입자의 진동과 주기

주기와 파장은 동일한 현상을 시간으로 표현하는 방법과 거리로 표현하는 방법으로 구분된다. 주기는 1회 진동하는데 걸린 시간을 말하고, 파장은 진동 시 진행되는 거리를 말한다. 따라서 주기는 T(시간), 파장 단위는 mm, cm, m(미터)로 나타낸다.

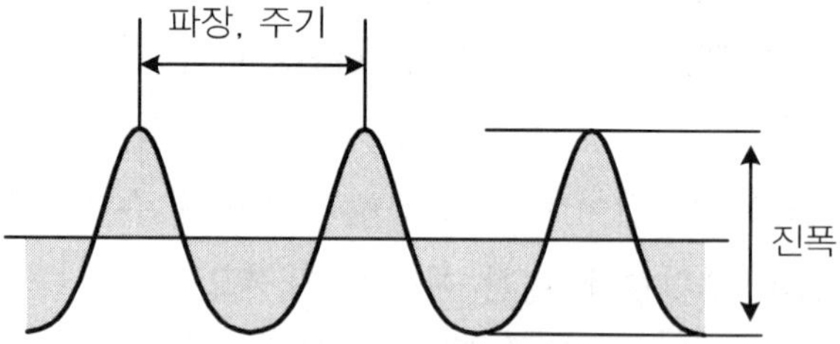

그림 3-4 파형(파동) 표시

⑤ **주파수(frequency)**는 1초 동안에 진동한 수를 말한다. 또는 1초 동안에 반복되는 주기 수, 사이클 수라고도 한다. 사이클은 주파수와 동일한 말로 단위는 Hz(헤르츠)로 표시한다. 초음파를 발생시키는 방법은 기계적으로 진동을 일으켜 발생시키는 방법과 전자기적인 현상을 이용하여 발생시키는 방법 그리고 압전효과를 이용하여 발생시키는 방법이 있다.

4) 초음파 발생방법

- 기계적인 진동을 이용한 방법 : 망치등으로 두드리고나 기계적으로 회전시킨다.
- 전자기적인 현상을 이용한 방법 : Lamb-EMAT을 이용한 유도초음파, 자왜효과 (magnetostriction effect)이다.
- 압전효과를 이용한 방법 : 전기분극현상을 이용하여 초음파를 발생한다.

초음파 탐상에서 사용되는 초음파는 압전효과를 이용하여 발생시킨다.

압전효과는 결정체에 어떤 방향으로부터 힘을 가하면 정해진 방향으로 전기분극을 일으켜 미세하게 교류 전기가 발생한다. 반대로 결정에 교류 전기를 가하면 기계적인 진동을 일어나는 현상을 말한다.

1880년경에 프랑스 물리학자 피에르 퀴리(Pierre Curie)와 자크 퀴리(Jacques Curie) 형제는 수정 결정체를 압축하거나 늘였을 때 결정 양면에 전기가 생기는 것을 처음 발견하였다. 이 현상은 전기적 에너지를 기계적 에너지로, 기계적 에너지(진동, 초음파)를 전기적 에너지로 변환되는 것을 확인하고 이를 압전효과(piezoelectric effect : 피에조일렉트릭 이펙트)라 하였다.

5) 음파 종류

파는 파동을 통해 매질을 전파한다. 매질을 전파할 때 진행하는 파의 형태가 한 가지가 아니라 5가지 형태가 있다. 음파가 매질내에서 진행하는 파에 따라 입자 진동이 다르게 나타나는 특징을 종류대로 구분한 것이다.

음파 종류는 종파, 횡파, 표면파, 판파(대칭, 비대칭)이다. 음파는 진행하다가 매질이 달라지는 경계면에서 반사나 투과할 때 음파 일부가 다른 음파로 바뀌는 현상이 발생되는데 이를 모드 변환이라고 한다.

종파를 입사시키면 매질을 통해 진행되는 파는 종파와 횡파 둘 다 존재한다. 입사된 종파 일부가 횡파로 변환되고 매질을 통해 전달되기 때문이다. 입사와 반사 시에 모드 변환이 발생하고 매질을 통과하는 중에는 일어나지 않는다.

- **초음파 종류** : 종파, 횡파, 표면파, 판파(대칭, 비대칭)
- **파동 모드** : 종파, 횡파, 표면파, 판파 등이 각각의 모드이다.
- **모드 변환** : 입사 시 종파가 횡파로 변환하거나 횡파가 종파로 변환하는 것

입사 후에 매질내를 진행하는 파는 종파 또는 횡파 하나로 진행되는 것이 아니라 종파와 횡파가 동시에 진행된다. 파의 종류에 따라 진행되는 음속에 차이가 있다.

종파는 횡파에 비해서 음속은 빠르지만 파장이 길다. 대신 횡파는 종파에 비해서 느린 반면 파장은 짧다. 매질을 진행할 때 파의 음속은 파의 종류와 매질의 재료정수에 따라 정해진다.

물질 종류에 따른 음속은 표 3-1과 같다.

표 3-1 물질 종류와 이에 따른 종파 및 횡파 음속

물 질	비 중	횡파 속도	종파 속도	종파 파장		
		m/s	m/s	2.25MHz	3MHz	5MHz
알루미늄	2.69	3,130	6,260	2.8	2.1	1.3
강	7.7	3,200	5,900	2.6	1.9	1.2
황동	8.54	2,070	4,630	2.1	1.5	0.93
아크릴수지	1.18		2,670	1.2	1.3	0.53
베이클라이트	1.4		2,590	1.15	0.86	0.52
물	1.0		1,480	0.64	0.48	0.29
기름	0.92		1,390	0.62	0.46	0.28
공기	0.0012		340	0.15	0.11	0.066

초음파 종류와 초음파 모드는 동일한 의미이다. 초음파의 종류(모드)에는 종파, 횡파, 표면파 그리고 판파가 있다. 각각의 종류에 대해 자세히 알아보자.

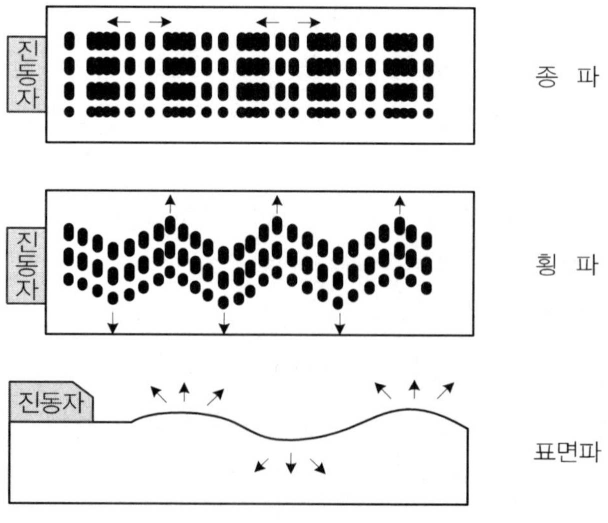

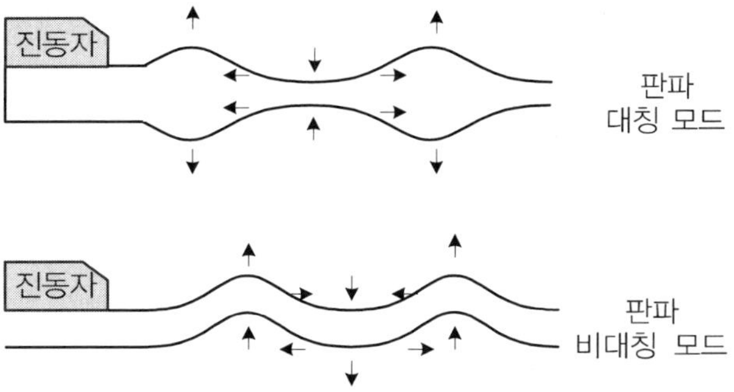

그림 3-5 파(모드)의 종류

(1) 종 파

종파는 영어로 Longitudinal Wave 또는 Compression Wave(압축파)이다. 또는 L-Wave 라고 하기도 한다. 입자의 진동방향이 파의 진행방향과 같은 방향으로 진동하면서 에너지가 진행되는 파이다. 스프링을 매달고 흔들면 늘어나고 줄어드는 현상과 동일하다. 입자들이 조밀해지거나 느슨해지는 현상이 반복되면서 파의 에너지가 한쪽 방향으로 전파가 되는데 조와 밀이 반복되면서 진행되기 때문에 압축파라 하기도 한다.

재료공학에서 모든 재질은 격자(lattice) 구조를 형성하는 직선 형태로 원자가 배열되어 있다고 본다. 이런 격자 측면에 외부 충격(진동)이 가해지면 입자가 진동하면서 입자가 진동하는 방향으로 에너지가 전달되어 음파가 진행된다.

따라서 종파는 입자의 진동이 파의 이동방향으로 좌우 진동하며 진행되는 파이다.

그림 3-6 종파

종파의 특성은 다음과 같다.

- 종파란 입자의 진동방향이 파의 전달방향과 일치되게 움직이면서 진행한다.
- 전후운동을 하면서 진행되는 파를 말하며 파의 진행 시 밀(compression)한 부분과 소(rarefaction)한 부분으로 구성되기 때문에 압축파(compression wave)라고도 한다.
- 수직 탐상에 주로 이용되는 파이다.

- 다른 형태의 파로 변환(모드 변환)이 일어날 때도 있다(입사각에 따라 달리 나타난다).
- 종파는 고체뿐만 아니라 액체 · 기체에서도 사용 가능하다.
- 강에서 음속은 5900m/s이다.
- 파의 진행형태에 따라 압축파와 l-파(longitudinal wave)로 구분한다.

(2) 횡 파

횡파는 파의 전달방향과 수직으로 입자가 진동하면서 진행되는 파이다. 파의 방향과 수직으로 움직인다고 Shear Wave라고 불리기도 한다. 액체나 기체에서는 횡파가 존재하지 않는다. 고체에서 횡파의 발생은 입사 또는 반사 시에 경계면에서 모드 변환에 의해 생긴다.

횡파는 종파에 비해서 음속이 느리다. 일부 재질에서는 횡파 속도가 종파속도의 약 1/2이 되기도 한다. 주파수가 같을 때 속도가 느리면 파장이 짧아진다.

음속은 주파수와 파장에 대한 관계는 다음과 같다.

- 음속(V) = 주파수(f) × 파장(λ)
  = 1000Hz × Xm
  = 1000Hz × Ym
- X=1m이고 Y = 0.5m

이다. 초음파 탐상에서 파장은 검출 가능한 불연속부 크기와 밀접한 관계가 있다.

파장이 짧을수록 미세한(작은) 불연속부 검출이 가능하기 때문이다. 일반적으로 파장의 1/2 크기의 불연속부 검출이 가능하다. 따라서 종파보다는 횡파일 때 더 작은 불연속부를 검출할 수 있다.

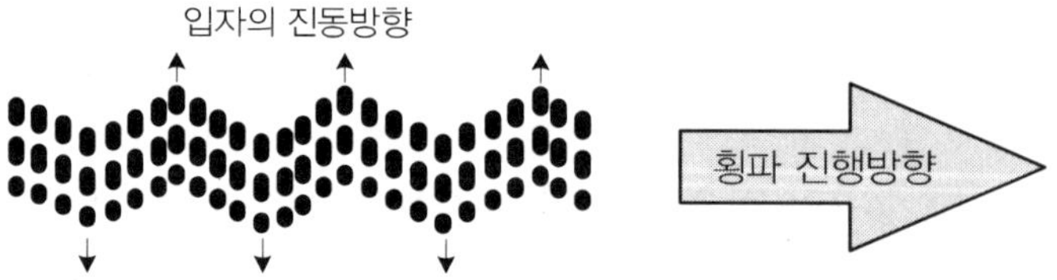

그림 3-7 횡파

(3) 표면파

종파 모드인 초음파를 2차 임계각보다 더 큰 각으로 사각입사하면 종파와 횡파로 매질의 내부로 진행하는 것이 아니라 매질의 표면으로 진행하는 표면파(surface wave, rayleigh wave)가 된다. 임계각에 대한 설명은 초음파 반사편을 참고하길 바란다.

표면파는 매질의 표면을 약 한 파장 깊이로 표면을 따라 진행하는 파이다. 표면파는 Lord Rayleigh가 최초로 발견하였고, 발견자의 이름을 붙여 Rayleigh파라도 한다. 파의 진동형태는 타원형이다. 진행 에너지의 절반 이상이 표면파 파장의 1/4파장 이내에 존재한다.

표면파는 매질의 표면이 진동하면서 진행되는 파이기 때문에 매질이 공기와 같은 기체와 접해 있을 때 존재할 수 있다. 시험체가 물속에 들어있을 때는 시험체 표면을 통해 전달되는 표면파는 물에 의해 진동 에너지가 급격히 감쇠되기 때문에 진행이 불가하다. 따라서 표면파를 이용한 초음파 탐상은 수침법에서는 할 수 없다.

표면파 진동 에너지를 표면에서 100으로 볼 때 1파장 깊이에서 에너지는 4정도이다. 따라서 표면파는 1파장 이내의 표면에 입자들만 진동하면서 진행되는 파이다. 표면파 음속은 횡파 음속에 비해 90% 정도이다.

입자의 진동형태가 상하 또는 좌우가 아니라 타원 형태로 진동하기 때문에 매질이 평면이 아니라 곡면일 때도 진행이 가능하다. 따라서 시험체 모서리가 완만하게 둥근 경우에는 표면파로 검사가 가능하다. 하지만 표면파는 말 그대로 표면을 따라 진행하기 때문에 내부결함검출은 불가능하다.

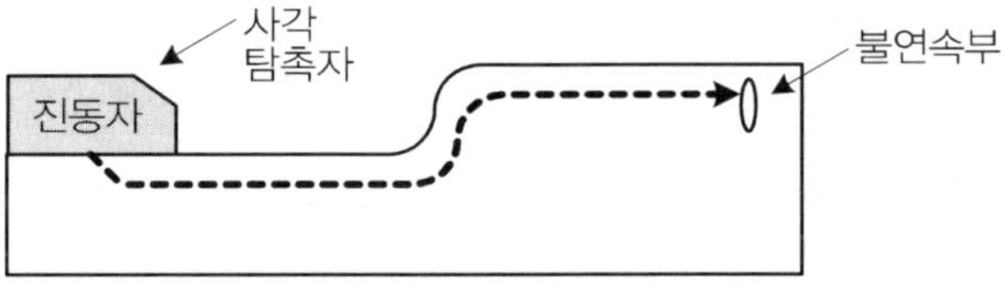

그림 3-8 둥근 굴곡에서 표면파 진행

결론적으로 표면파는 표면균열 검출에는 우수하나 대략 한 파장 깊이이내의 결함만 검출이 가능하다. 표면파의 특성은 다음과 같다.

- 표면파는 파의 진행형태가 타원형이다.
- 재질의 표면(1파장 깊이)을 통하여 전파하는 파이다.
- 표면으로부터 한 파장이내에 에너지가 집중되어 있다.

- 표면부근의 입자가 종진동과 횡진동의 혼합된 움직임을 나타낸다.
- 주파수가 높아질수록 음압이 표면근처에 집중되기 때문에 높은 주파수는 표면에 존재하는 결함검출에 이용된다.
- 주파수가 낮을수록 음압이 표면에서 아래쪽으로 수 mm정도까지 내려가 진행되기 때문에 낮은 주파수는 표면부 아래에 존재하는 결함검출에 이용된다.
- 표면이 날카롭지 않고 완만한 경사를 갖는 모양의 경우에는 검사가 가능하다.
- 횡파에 비해 약 90% 속도를 갖는다.

(4) 판 파

판파(plate wave)는 판파 이론이 Horace Lamb에 의해 제안되었기 때문에 제안자의 이름을 따서 Lamb Wave라고도 한다. 얇은 판 형태를 가진 판재에서 나타나는 파이다. 판파가 진행가능한 판재 두께는 판파의 3파장 이내일 때 진행이 가능하다. 만일 판재 두께가 3파장이상 두껍다면 진행되는 파의 형태는 판파가 아니라 표면파가 된다. 왜냐하면 판파는 얇은 두께의 재질 전체가 진동하면서 진행하는 파이기 때문이다. 표면파를 입사하여도 판재 두께가 사용된 주파수 파장에 비해 3파장 이하라면 진행되는 파는 판파이다.

그림 3-9 **판파**

파가 진행할 때 입자가 진동하는 방향이 판의 중심을 기준으로 상호 대칭으로 진동하는지 아니면 비대칭으로 진행하는지에 따라 그림 3-10과 같이 대칭(symmetrical)형 판파 또는 비대칭(asymmetrical) 판파로 다시 구분한다. 판파의 특징은 다음과 같다.

- 판파는 다른 말로 Lamb Wave 또는 유도 초음파라고도 한다.
- 얇은 두께의 시편 재질에서만 전달이 가능하고 파의 진행이 복합된 진동형태로 구성되기 때문에 박판의 결함검출에 사용된다.
- 판파의 진동형태는 재질 모양(구조), 밀도, 탄성특성, 두께, 주파수에 영향을 받는다.
- 속도가 주파수에 따라 변화되기 때문에 분산파라고도 한다.
- 대칭파와 비대칭파로 구분된다.
- 대칭파와 비대칭파에서 입자의 진동형태가 다르게 나타난다.

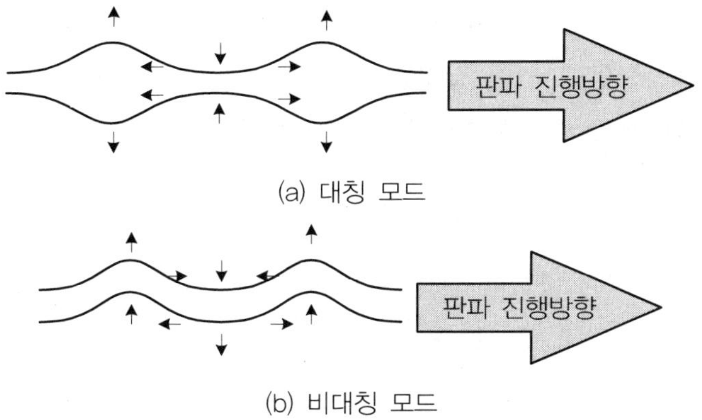

그림 3-10 판파의 모드종류

6) 입사와 반사

초음파 반사는 매질이 달라지는 곳에서 반사가 일어난다. 반사되는 위치를 보면 시험체 표면, 불연속부, 시험체 저면에서 일어난다.

① 탐촉자에서 발생된 초음파는 수용액을 투과하여 시험체 표면에 입사되면서 대부분은 반사하고 일부가 투과된다. 탐촉자를 표면에 완전히 밀착시킬수록 시험체 내부로 초음파 에너지가 많이 전달(투과)된다.

② 입사된 파는 시험체 매질을 따라 내부로 진행하고 진행하는 거리에 따라 일정하게 감쇠된다.

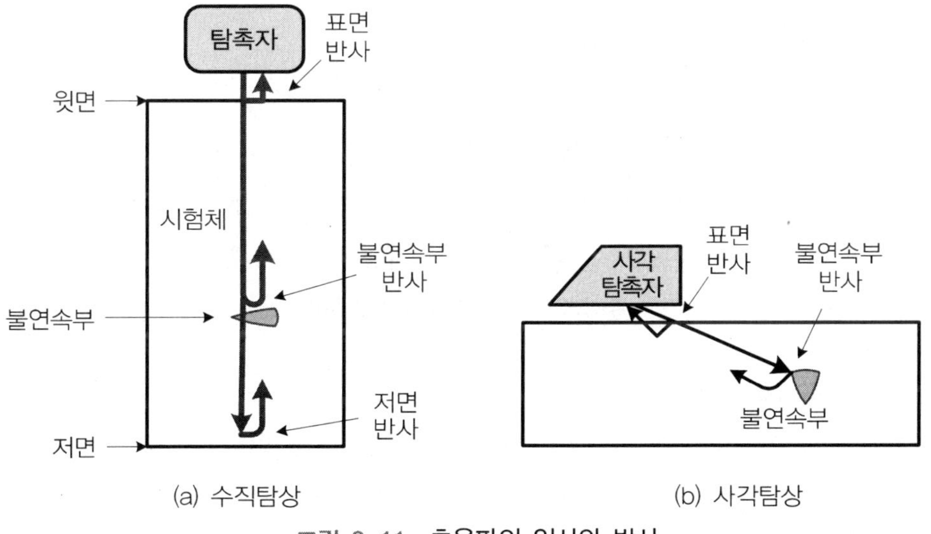

그림 3-11 초음파의 입사와 반사

③ 불연속부를 만나면 일부는 반사되고 일부는 투과된다. 반사되는 에너지 크기는 불연속부 크기와 모양에 의해 결정된다.

④ 내부를 진행한 파는 시험체 저면에서 다시 반사되고 일부는 공기 중으로 전달된다.

초음파 탐상에서 초음파를 입사시키는 방법은 입사면에 수직방향으로 입사시키는 방법과 경사지게 입사시키는 방법이 있다. 방법에 따라 고유한 특성이 있다. 각 방법에 따른 입사와 반사특성에 대해 살펴보자.

(1) 수직입사

초음파를 시험체 면에 수직방향으로 입사하는 것을 수직입사라 한다. 수직입사에서 반사는 시험체 표면, 시험체 내부에 존재하는 불연속부, 시험체 저면에서 일어난다.

입사한 파는 시험체 저면에서 1차 반사되고 반사된 파는 다시 위쪽 입사면에서 반사된 후 저면에서 2차, 3차로 계속하여 반사된다. 이렇게 표면과 저면을 왔다갔다하는 현상이 반복되는데 이를 핑퐁 현상이라 한다.

진행되는 거리가 길수록 감쇠가 많아져 두께가 얇은 시험체는 핑퐁되는 횟수가 많으나 시험체 두께가 두꺼우면 에너지가 빨리 소멸되어 핑퐁되는 횟수가 적어진다.

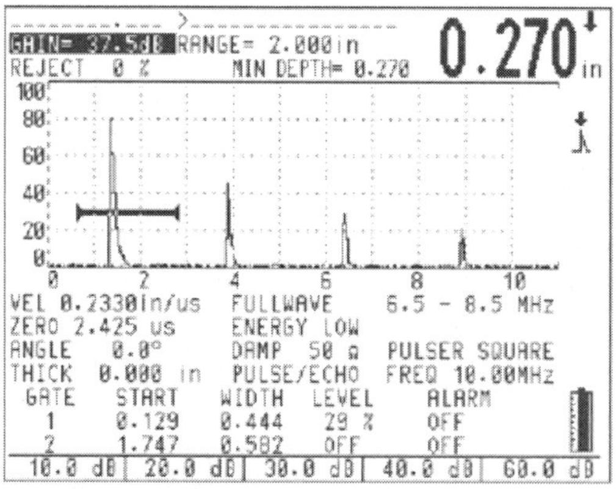

그림 3-12 반복되는 반사파

(2) 음향 임피던스

초음파가 경계면에서 투과하거나 반사하는 정도는 음향 임피던스에 의해 결정된다.

임피던스란 전기전자에서 교류 전류흐름을 방해하는 저항을 말한다. 저항이란 단순히 흐름을 방해하는 성분인데 전류흐름이 직류일 때는 저항이라 하고, 교류일 때는 임피던스라 한다.

초음파 탐상에서 말하는 음향 임피던스는 재질이 서로 달라 발생하는 음속차에 의해 발생한다. 재질이 음파 진행을 방해하는 정도를 의미한다. 경계면에서 어느 정도 투과되고 반사되는지를 결정하는 음향 임피던스는 재질의 밀도에 음속을 곱한 값으로 계산된다. 초음파가 입사될 때 하나의 매질에서 다른 매질로 초음파가 투과되는데 여기서 두 개의 매질이 존재한다. 이를 매질1, 매질2라고 하자.

매질2는 시험체 매질이고 매질1은 초음파가 입사되는 쪽의 매질이다. 음향 임피던스는 매질1의 음향 임피던스와 매질2의 음향 임피던스로 구분된다.

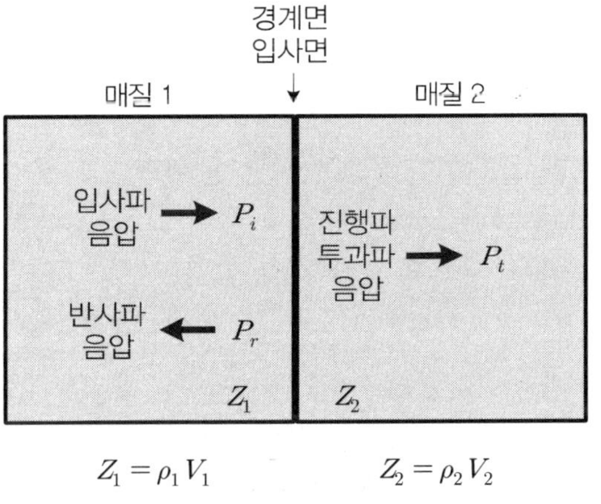

그림 3-13 입사와 반사

매질1의 음향 임피던스(Z_1) = 매질1 밀도(ρ_1) × 매질1의 음속(V_1)
매질2의 음향 임피던스(Z_2) = 매질1 밀도(ρ_2) × 매질2의 음속(V_2)

그림 3-13과 같이 입사 또는 반사될 때 음파 크기를 음압이라 하는데 기호는 P(power)를 사용한다. 시험체에 입사시키는 음압크기를 P_i로 표시하고 표면에서 반사되는 반사파 크기, 즉 반사파 음압을 P_r로 표시한다. 그리고 시험체 입사면을 투과하여 진행하는 음파 크기인 진행파의 음압을 P_t로 표시한다.

입사되는 초음파는 경계면에서 일부는 반사되고 일부는 투과되어 계속 진행되는데 투과와 반사량 크기의 차이는 두 매질의 음향 임피던스에 좌우된다. 입사량에 비해 얼마가 반사했는지의 비율을 음압 반사율이라고 하고 입사량에 비해 얼마가 투과했는지의 비율을 음압 투과율이라고 한다. 여기서 음압이란 음파 세기이다.

표 3-2 종파 수직입사 시 음압 반사율

물 질	음향 임피던스(Z) ($10^6Kg/m^2$)	공기 (%)	기름 (%)	물 (%)	글리세린 (%)	아크릴 수지(%)	강 (%)
알루미늄	16.90	100	86	84	75	68	46
강	46.02	100	95	94	90	87	
아크릴수지	3.22	100	43	37	14		
글리세린	2.42	100	31	24			
물(20℃)	1.48	100	7				
기름	1.29	100					
공기	4×10^4						

(3) 사각입사와 반사

사각입사는 탐촉자를 비스듬하게 경사지게 하여 초음파가 경사지게 입사되는 것을 사각입사라고 한다. 사각용 탐촉자는 경사각이 고정되어 있는 고정 사각용 탐촉자와 경사각을 가변시킬 수 있는 가변 사각용 탐촉자가 있다.

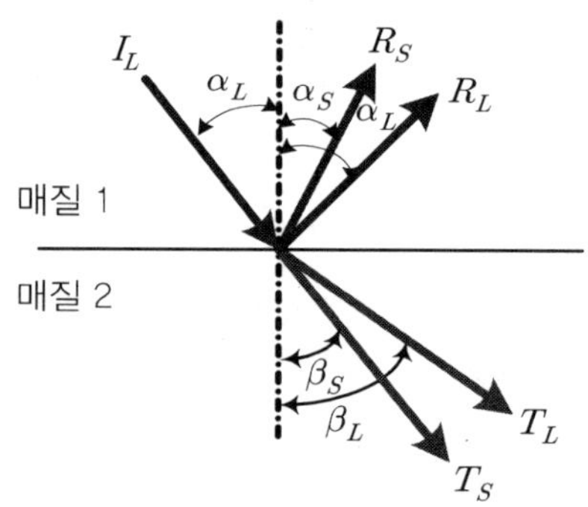

I_L : 경사지게 입사되는 종파
R_L : 경계면에서 반사된 반사종파
R_S : 경계면에서 반사되면서 횡파로 변환되어 반사되는 반사횡파
T_L : 경계면에서 굴절되게 투과하여 진행하는 굴절종파
T_S : 경계면에서 굴절되면서 횡파로 변환되어 진행되는 굴절횡파
α_L : 입사하는 경사각으로 종파 입사각
α_S : 반사되는 횡파 반사각으로 입사 종파가 모드 변환되면서 반사되는 파
β_L : 투과 시 굴절되면서 모드 변환은 일어나지 않는 진행되는 종파각
β_S : 투과 시 굴절되면서 횡파로 변환되어 진행되는 횡파각

그림 3-14 종파의 굴절과 파형변환

초음파 입사에 있어 수직입사와는 달리 사각입사는 복잡한 특성을 보인다. 수직입사에서는 단순히 경계면에서 반사하는 반사파와 경계면을 통과한 진행(투과)파가 있다. 그리고 수직입사에는 종파를 이용하는데 시험체 내부에서는 입사, 반사 모두 종파만 존재한다.

사각입사에서는 입사 시 굴절과 모드 변환(종파는 횡파로 바뀌고 횡파는 종파로 바뀌는 현상)이 발생하게 된다. 그리고 입사되는 각(임계각)에 따라 종파에 의한 탐상 또는 횡파에 의한 탐상이 되기도 한다. 사각탐상에서 입사각, 굴절된 투과각 그리고 모드 변환에 의해 발생된 굴절 횡파각에 대해 상세하게 알아보자.

(4) 굴 절

굴절이란 매질이 다른 경계면을 통과(투과)할 때 입사각보다 더 큰 각도로 꺾여 진행되는데 이를 굴절이라 한다. 재질이 다른 두 매질의 경계면에 입사되는 입사각에 따라 굴절되는 각들에 대한 상관관계는 스넬에 의해 밝혀져 스넬의 법칙이라 한다.

$$\text{굴절각}(\beta) = \sin^{-1}\left(\frac{\text{금속 내 음속}}{\text{공기 중 음속}} \times \sin 10\right)$$

여기서(상온일 때) 물속에서 종파 음속 : 340m/s, 금속에서 종파 음속 : 5900m/s이다.

(5) 반 사

반사(reflection)란 매질1에서 매질2로 입사되는 음파가 두 매질의 경계면에서 입사각에 따라 다시 되돌아가는 현상을 말한다. 반사각은 입사되는 각도와 동일한 각도로 반사된다. 즉, 입사각과 같은 각이다. 45°로 입사시키면 45°로 반사되고 60°로 입사되면 60°로 반사된다.

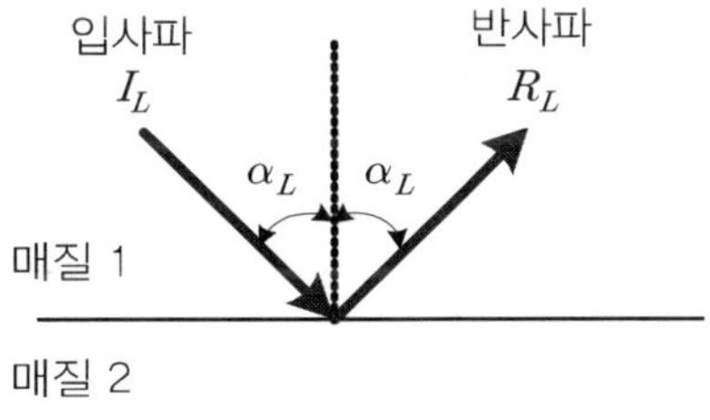

그림 3-15 입사각과 반사각

(6) 모드 변환

파가 두 매질의 경계면을 통과할 때 파의 형식이 바뀌게 되는 현상을 모드 변환(mode conversion)이라 하며 일부 파형변환 또는 형변환이라 하기도 한다.

종파를 사각입사하면 표면에서 투과될 때 일부는 종파로 일부는 모드변환에 의해 횡파로 바뀌어 진행된다. 따라서 입사된 종파는 경계면을 지나면서 종파와 횡파가 동시에 존재하게 되는 것이다.

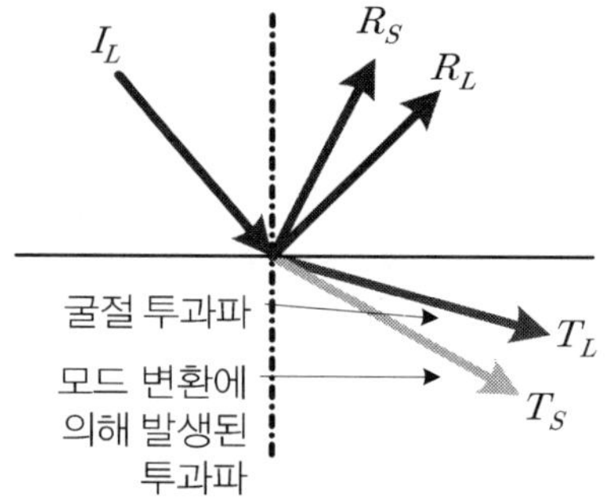

I_L : 입사종파 R_L : 표면 반사종파
R_S : 표면 반사횡파 T_L : 투과 굴절종파
T_S : 투과 굴절횡파(모드 변환파)

그림 3-16 종파의 사각입사파 시 모드 변환

(7) 임계각

임계각(critical angle)은 굴절되는 굴절파 각이 90°(표면파)가 될 때 각을 말하고 시험체 수직을 기준으로 각을 측정하기 때문에 굴절된 파의 각이 90°보다 더 클 수가 없다. 따라서 굴절각이 90°가 되도록 사각입사한 각을 임계각이라 하고 이때 굴절된 파는 시험체 표면을 따라 파가 진행하는 표면파가 된다.

① 제1임계각

종파 굴절각이 90°가 될 때 종파 입사각을 제1임계각(first critical angle)이라 한다.

② 제2임계각

모드 변환된 횡파 굴절각이 90°가 될 때 입사되는 입사각을 제2임계각(second critical angle)이라 한다. 제2임계각에서는 매질내부에 어떠한 파도 존재하지 않는다.

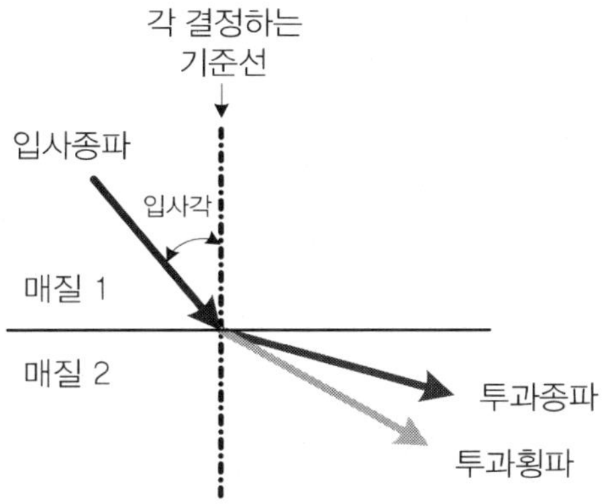

그림 3-17 입사각

7) 초음파 탐상법

초음파 탐상에 사용되는 초음파 형태와 음파를 화면에 표시하는 방법 그리고 음파가 진행되는 방향, 탐상에 사용되는 탐촉자 수, 탐상면에 탐촉자를 접촉시키는 방법 등에 대하여 살펴보고자 한다.

초음파 탐상에서 사용되는 파의 형태는 두 가지가 있는데 하나는 펄스파이고 다른 하나는 연속파이다. 펄스파는 연속적이지 않고 짧은 기간동안 일시적으로 진동하는 파의 형태를 말한다. 그리고 연속파는 연속적으로 계속 진동하는 파의 형태를 말한다.

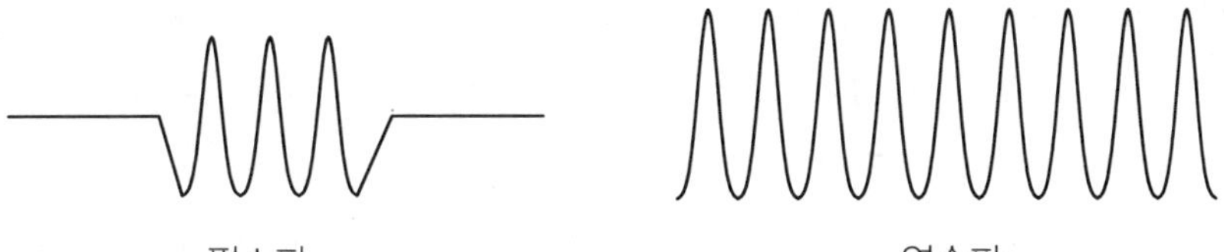

그림 3-18 초음파 탐상에 사용되는 파

펄스파가 가지고 있는 변수를 살펴보자. 발생하는 펄스파 폭을 PD(Pulse Duration)라 한다. 그리고 1초 동안 펄스가 반복되는 횟수를 PRF(Pulse Repetition Frequency), 주기는 Period 또는 Cycle이라고 한다. 펄스의 반복주기인 PRP(Pulse Repetition Period)는 하나의 펄스가 발생되는 시점부터 그 다음 펄스가 발생하기 전까지 시간을 나타낸다.

주기와 파장은 동일한 구간을 시간과 거리로 구분하는 것이다. PRP는 걸리는 시간을 의미하고 SPL은 길이를 의미한다.

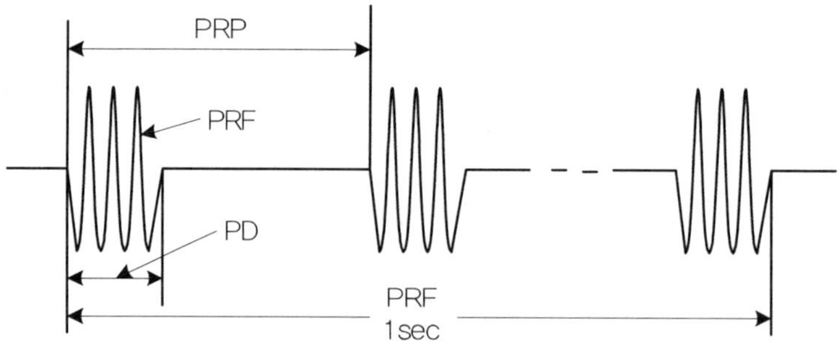

PRF : 1초 동안 반복되는 펄스 수, PRP : 펄스 반복주기(길이)

그림 3-19 펄스파 형태

초음파 탐상에서 많이 사용되는 펄스파법은 일정한 주기마다 발생되는 펄스파를 시험체에 입사시켜 내부를 탐상하는 방법이다.

펄스파법에서 사용되는 펄스파 간격은 발생된 하나의 펄스파가 시험체 저면에서 반사되어 되돌아온 이후에 다음 펄스파를 발생시켜야 한다. 펄스파가 발생되는 기간(시간)에는 탐촉자가 수신을 할 수 없기 때문에 펄스파 반복주기나 펄스폭은 펄스파를 이용하는 초음파 탐상에서는 중요한 요인이 된다.

(1) 초음파 탐상형태

① 펄스 반사법

펄스 반사법(pulse-echo or pulse-reflection)이란 펄스파를 입사시킨 후에 시험체 내의 매질을 진행하다가 불연속부(크랙)를 만나면 그 경계면에서 반사와 투과가 일어나고 투과된 파는 저면에서 반사와 투과가 다시 일어난다.

저면에서는 공기와 접촉하는 경계면으로 매질 특성이 많이 달라 에너지 대부분은 반사된다고 보면 된다. 펄스 반사법에 사용되는 탐촉자는 송신과 수신기능 둘다 가지고 있다.

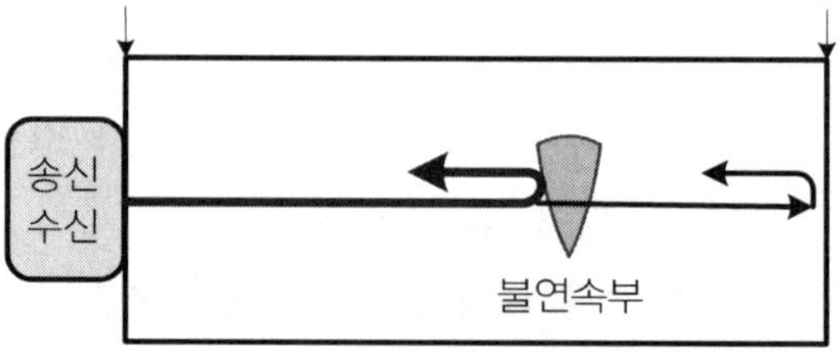

그림 3-20 펄스 반사법

탐촉자에서 반사파를 수신한 다음 송신과 수신에 걸린 시간차이와 수신된 에너지를 분석하면 불연속부 위치와 형태나 크기 등을 알아낼 수 있다. 또한 저면 반사파를 수신하면 시험체의 정확한 두께도 알 수 있다.

그림 3-21은 펄스 반사법으로 시험체를 초음파 탐상하는 방법을 나타낸 것이다. 시험체의 한 점에서 1탐촉자를 이용하여 송신한 후 반사파 신호를 탐상기 화면에 표시한 화면이다.

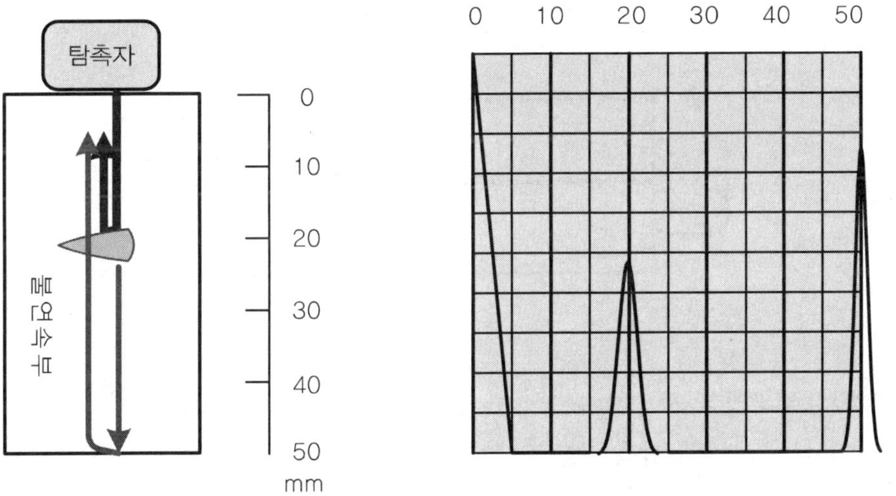

그림 3-21 1탐촉자를 이용한 펄스 반사법과 탐상한 화면

초음파를 이용한 탐상을 시행할 때는 탐상하고자 하는 시험체 형상이나 예상되는 불연속부 위치에 따라 적절한 탐상법을 선택한다. 초음파를 입사한 입사점에서 반사파 수신이 가능한 경우에는 1탐촉자로 펄스 반사법을 이용하면 된다. 시험체 모양이 특별하여 입사점에서 반사파 수신이 불가능하다면 송신 탐촉자와 수신 탐촉자를 별도로 사용하는 투과법이나 한 개의 송신 탐촉자와 여러 개의 수신 탐촉자를 사용하는 다 탐촉자법을 사용한다.

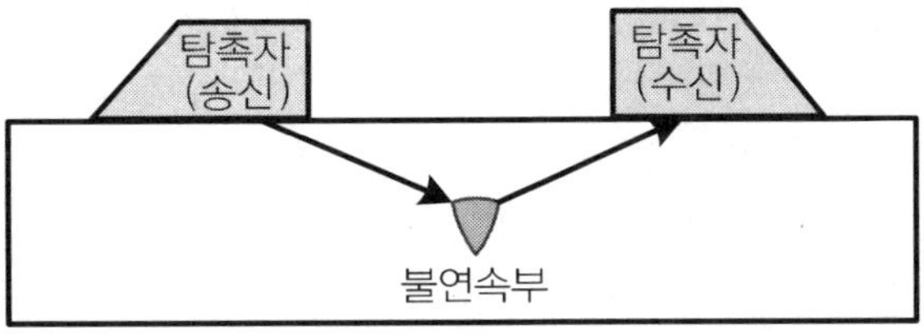

그림 3-22 2 탐촉자를 사용하는 펄스 반사법

② 투과법

입사된 펄스파(초음파)가 시험체 내를 진행하다가 불연속부(크랙)를 만나면 그 경계면에서 일부는 반사하게 되고 일부는 투과하게 된다. 반사법에서는 반사되는 파를 수신하여 분석하지만 투과법(through transmission)에서는 투과되어 진행되는 파를 수신용 탐촉자를 이용해서 저면에서 수신하여 분석한다.

투과법은 그림 3-23과 같이 초음파 펄스를 시험체 윗면에서 입사시키고 불연속부를 투과해서 진행되는 파를 반대쪽인 저면에서 수신하는 방법이다.

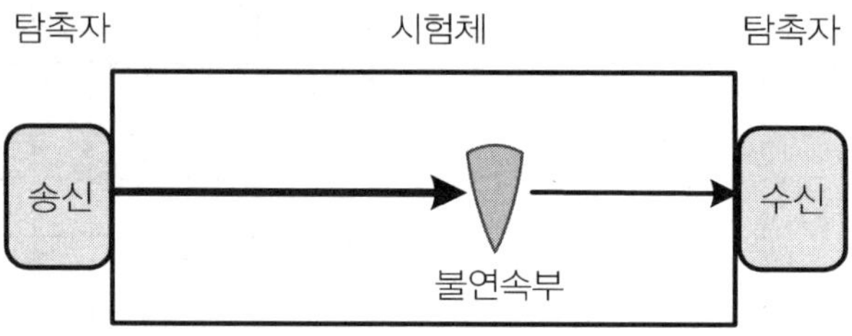

그림 3-23 **투과법**

2탐촉자로 투과법을 사용하여 탐상한 탐상화면은 그림 3-24와 같다.

투과법에서는 두 개의 탐촉자를 시험체 위쪽과 아래쪽에 일직선으로 위치시켜 사용한다. 탐상기 화면에 표시되는 수신파는 반사법과는 초음파 진행시간에 상관없이 연속하여 화면에 표시하기 때문에 화면상에서 표시되는 파형의 위치는 가로축상에서 항상 0mm에 표시된다. 그리고 반대쪽에서 수신되는 파를 그대로 보여주기 때문에 시험체 내부가 균일하면 수신되는 파형 크기(세기, 높이)와 폭은 일정하게 나타난다.

불연속부가 존재할 때는 불연속부에 의해 반사가 일어나기 때문에 수신되는 파형 크기가 약간 줄어들게 된다. 이러한 파형 변화를 관찰하여 불연속부 유무를 인지하고 수신된 파의 크기 변화에 의해 불연속부 크기도 가늠할 수 있다.

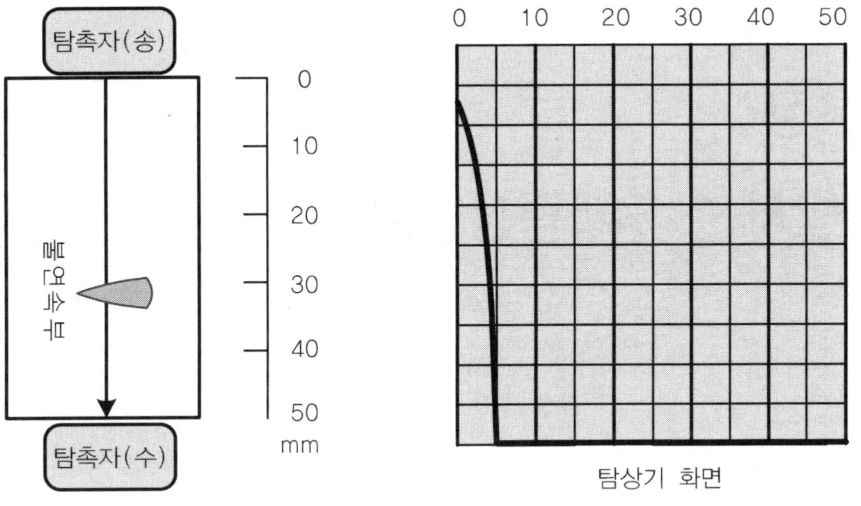

그림 3-24 투과법을 이용한 탐상화면

4장

방사선 투과탐상검사

1. 개 요

물질을 투과할 수 있는 방사선을 이용하여 시험체 내부를 촬영하고 촬영된 필름을 현상하여 시험체 내부 상태를 검사(확인)하는 방법을 말한다.

방사선 종류에는 여러 가지가 있지만 X선(엑스선)이나 γ선(감마선)을 주로 사용한다. X선(엑스선)과 γ선(감마선)은 광속으로 이동하고 대부분 물체을 투과하며 전리시키는 성질을 가지고 있다.

방사선은 물질을 투과할 때 물질 내부 밀도에 따라 투과정도가 다르다. 투과되는 정도를 필름에 그대로 적용하면 필름을 인화하여 판독하므로 물체 내부 상태를 상세하게 확인할 수 있다.

검사에 사용되는 방사선(X선과 γ선 중의 선택) 선택은 시험체 재질이나 밀도, 두께 등에 의해 선택된다. 결함검출 여부는 방사선 조사 에너지, 결함크기, 필름 종류 등에 영향을 받는다.

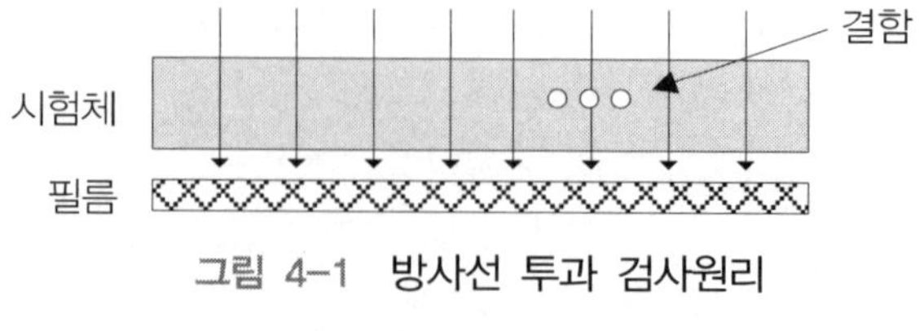

그림 4-1 방사선 투과 검사원리

방사선 검사의 장점은 대부분 물체(재료)에 사용이 가능하고, 재질 내부검사에 우수한 결과를 보이고 있고, 기록결과를 영구적으로 보관 가능하다는 점이다. 그러나 방사선의 안전한 관리가 필수적이며 검사를 위한 공간이 별도로 필요하고 위험하다는 문제점을 가지고 있다.

2. 방사선

1) 물질 구조

물질을 구성하고 있는 가장 최소 단위는 분자이다. 분자는 1개 이상의 원자들로 구성되어 있다. 원자는 원자핵와 전자로 구성되어 있으며, 원자핵은 양성자와 중성자로 구성되어 있다. 여기까지가 현재 기술로 알려진 물질 구성이다.

양성자와 중성자는 입자라 하는데 이 입자 개수는 중요한 의미와 성질을 가지고 있다. 이 입자가 모여 원소가 되는데 모인 입자 개수에 따라 각각 다른 원소가 되고 고유 이름이 정해져 있다. 원자핵에 들어있는 양성자 수에 따라 원자번호를 정하여 사용하고 있다. 원자량은 원자핵속에 들어있는 양성자 수와 중성자 수를 합한 수이다.

- 분자 : 물질의 최소 단위이다.
- 원자 : 원자핵과 전자로 구성된다.
- 핵자핵 : 양성자와 중성자로 구성된다.
- 원자번호(수) : 양성자 수로 결정된다.
- 원자량 : 원자핵에 들어있는 양성자 수와 중성자 수의 합이다.
- 동위원소 : 원자번호는 같으나 질량 수가 다른 원소를 말한다. Ir-191과 Ir-192, Co-59와 Co-60 등이 있다.

원자핵은 양성자와 중성자로 구성되고 양성자는 +극을 가지고 있다. 극의 성질로는 서로 다른 극(+극과 －극)끼리는 서로 당기지만 같은 극(+극과 +극) 끼리는 반발하는 성질을 가지고 있다.

(+)극인 양성자들은 서로 반발하여 튀어 나가려고 하나 핵이 당기는 핵력에 의해 원자가 깨어지지(붕괴) 않고 유지된다.

- 핵력 : 핵이 양성자와 중성자를 당기는 힘, 핵력은 강력에 해당된다.
- 우주 4대 힘 : 중력, 약력, 강력, 전자기력이다.

2) 방사선 발생원리

양성자 수가 많아질수록 양성자 간에 반발력이 커지기 때문에 핵력으로 끌어당길 수 있는 최대 양성자 수는 92개이다. 양성자 수가 93개 이상인 원소는 핵력보다 양성자 반발력이 더 커기 때문에 양성자가 튀어 나가게 되므로 원소를 구성되지 못하고 붕괴된다.

핵력과 양성자 반발력이 평형을 이룰 때 양성자 개수는 92개이고 이 원소는 우라늄이다. 따라서 자연계에서 존재하는 원소 중에 가장 큰 원소를 우라늄으로 본다.

양성자 수가 일정량 이상 되면 원소가 붕괴되는데 자연상태에서 원자번호에 의한 붕괴 정도를 정리하면 다음과 같다.

- 1(H)~19(K) : 안정적이다.
- 20(Ca)~83(Bi) : 중간(안정과 붕괴가 같이 존재한다)이다.
- 84(Po) 이상 : 불안정적(방사성 동위원소)이다.

방사성 동위원소에 해당하는 대부분의 원소는 불안정한 원자상태이기 때문에 분열 또는 붕괴하여 안정한 상태로 변하려고 한다. 분열과 붕괴을 통해 방사선을 내놓고 안정된 원소인 다른 원소로 변하게 된다. 이러한 현상을 방사선 붕괴라고 한다. 방사선 붕괴에 의해 방출되는 방사선 종류는 알파입자, 전자, X선, γ선, 중성자가 있다.

- 알파입자 : 양성자 2개와 중성자 2개로 구성된 입자, 헬륨핵이라 한다.
- 전자 : 소립자의 하나로 음전하를 가진 입자이다.
- γ(감마)선 : 파장이 약 0.01nm 이하인 전자기파, X선보다 에너지가 크다.
- X선 : 파장이 10nm이하인 전자기파, 자외선과 감마선 사이에 해당된다.
- 중성자 : 원자를 구성하는 입자의 하나로 전하를 띠지 않고 중성이다.
- 방사선 : 방출하는 입자들 중에서 X선, γ선를 말한다.
- 알파선 : 알파입자 방출을 말한다.
- 베타선 : 방출되는 전자를 말한다.

감마선은 투과력이 아주 좋아 40cm 이상 두께의 납으로 막을 수 있다. 감마선을 의학에서 이용한 촬영법을 PET라 한다.

중성자는 질량은 있고 전하가 없기 때문에 감마선 보다 더 높은 투과력을 가진다. 약 80cm 이상 두께의 납으로 막을 수 있다.

방사선은 원자핵에 존재하는 전자에 비해 아주 큰 에너지를 가지고 있기 때문에 위험하다. 방사선 붕괴에 걸리는 시간은 원소의 불안정한 정도에 따라 다르다. 원소가 가지고 있는 방사선 양을 붕괴하면서 절반으로 줄어들 때까지 걸리는 시간을 반감기라 한다. 반감기가 짧을수록 불안정한 정도가 높은 원소이다. 원자력 발전에 많이 이용되는 우라늄은 우라늄235인데 이것의 반감기는 약 7억년으로 본다.

방사성 동위원소를 이해하기 위해 동위원소에 대해 알아보자.

동위원소는 양성자 수가 같고 중성자가 다른 원소를 말한다. 양성자 수가 많은 원소는 불완전한 원소이고 양성자 수가 적으면 안정된 원소이다. 방사선 동위원소는 방사선이 나오는 불완전 동위원소를 말한다.

3) X선

(1) X선 발생원리

방사선 검사에서 많이 사용하는 X선 발생장치는 X선관을 이용한다. X선관은 진공관속에 필라멘트(filament, 음극)와 양극 그리고 표적을 넣어 만든 관으로 되어 있다. 진공상태인 관은 X선의 외부 유출을 방지하기 위해 유리나 알루미늄으로 제작된다. 필라멘트에 고압을 가하면 고열이 발생하는데 고열에 의해 전자가 방출된다. 방출된 전자는 대전된 양극을 향해 이동하면서 가속되고 점점 속도가 빨라진다. 고속으로 이동하는 전자는 양극의 앞쪽에 위치한 표적에 충돌되면 X선이 방출된다.

X선이 갖는 에너지양의 조절은 필라멘트에 가하는 전류를 조절하는 방법과 음극(필라멘트)와 양극(표적)의 전압차를 조절하는 방법이 있다. 필라멘트에 흐르는 고압 전류에 의해 방출된 전자가 높은 운동 에너지를 갖는 이유는 양극에 수십 kV에서 수백 kV의 고전압에 의해 급속도로 가속되기 때문이다. 운동 에너지가 높을수록 표적에 충돌하는 힘이 크게 되고 이때 높은 열에너지와 X선이 방출된다.

- 필라멘트(음극) : 음극 성질을 갖는 필라멘트는 텅스텐으로 제작된다. 텅스텐은 고온에서 잘 견디고 전자방출이 용이하다.
- 표적 : 표적(target)은 금속으로 제작되고 금속 종류는 일반적으로 텅스텐이다. 표적은 0~30°의 기울기를 가지는데 전자빔 형태에 따라 기울기가 달라진다.
- 양극(anode) : 전기가 잘 흐르는 구리로 만든다.

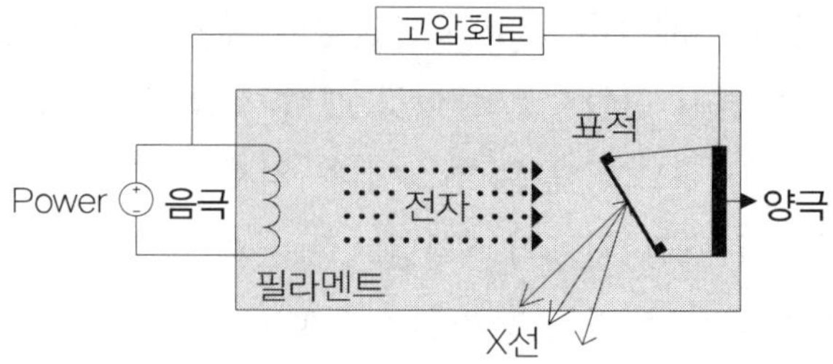

그림 4-2 X선관 구조

(2) 방사선 관련 주요 용어

- **큐리(Ci)** : 방사능 정도를 나타내는 단위, 단위시간당 붕괴되는 원자수를 나타내는 것으로 붕괴되는 원자수가 많을수록 방사능이 높아진다. 단위로는 Bq(SI 단위계)와 Ci가 많이 사용된다.
- **Bq(베크렐)** : 1Bq는 1초당 1개의 원자가 붕괴되는 것을 의미한다.
- **Ci(큐리)** : 1Ci는 1초동안 3.7×10^{10}개의 원자가 붕괴되는 것을 의미한다.
- **뢴트겐(r, roentgen)** : 조사선량 단위, X선이나 감마선에 의해 공기 1kg 중에 2.58×10^{-4}C의 전하가 만들어지는 조사량이다.
- **조사선량** : X선이나 감마선에 의해 공기의 단위질량당 생성된 전하량(C/kg)
- **흡수선량(absorbed dose)** : 피폭물질의 단위 질량당 흡수된 방사선 에너지, 단위는 Gy, 1Gy는 1J/kg이다.
- **라드(rad)** : 방사선 흡수선량을 나타내는 단위, 100rad는 1Gy이다.
- **반감기** : 불안정한 방사성 동위원소가 붕괴하여 원자 수가 반으로 줄어드는데 걸리는 시간이다.
- **비방사능** : 방사성 동위원소가 포함되어 있는 물질의 단위질량당 방사능 세기, Ci/g으로 표시된다.
- **rhm 값** : 1m 떨어진 1Ci선원(방사선원)에 1시간동안 노출되었을 때 이 방사선원 강도를 1rhm이라 한다. Ir-192는 0.48R/hr.m^2 per Ci, Co-60은 1.32 R/hr.m^2 per Ci 등이다.
- **반가층(HVL)** : 방사선 세기를 반으로 줄어들게 하는데 필요한 차폐두께이다.

방사선이 물체을 투과할 때는 흡수 및 산란이 발생하여 방사선 에너지가 감소하게 된다. 두께에 따라 지수함수로 감소한다.

표 4-1 반가층에 필요한 차폐두께

물질 종류	Ir-192	Co-60
납판	0.19"(4.8mm)	0.49"(12mm)
철판	0.61"(16mm)	0.87"(22mm)
콘크리트	1.9"(48mm)	2.6"(66mm)

- **선량계(dosimeter)** : 방사선량을 측정하는 측정기, 일정기간 동안 피폭되는 방사선량을 누적하여 측정한다.
- **동위원소(isotope)** : 원자번호는 같고(양성자 수는 원자번호를 나타냄) 질량이 다른 이종의 원소이다.
- **동중성자체(isotone)** : 원자핵에 들어있는 중성자 수가 같은 이종의 원소이다.

3. 방사선 검사 촬영방법

1) 방사선 촬영방법

방사선 촬영은 방사선인 X선이나 감마선을 시험체에 투과시킨 다음 필름에 노출시키면 시험체를 투과하면서 시험체 내부밀도에 따라 흡수되는 정도가 다르기 때문에 필름에 그대로 적용된다.

적용된 필름을 현상하는 과정을 거치면 필름에 감광되어 시험체 내부 상태가 그대로 보여지게 된다. 시험체 내부 상태를 필름에 상이 잘 나타내기 위해서는 시험체 재료의 종류와 시험체 두께에 따라 방사선 투과량을 적절히 조절하여야 한다. 방사선 투과량은 방사선 선량으로 조절한다. 방사선 선량이 동일한 때는 필름 감도가 높고 낮음에 따라 상태가 잘 보여질 수도 있고 아닐 수도 있다.

즉, 같은 물질에 두께가 다를 때는 방사선 선량을 증가시키는 방법과 방사선 선량의 증가 대신에 감도가 높은 필름을 사용하는 방법이 있으나 결과는 동일하다. 방사선 선량의 조절은 X선관에 인가되는 전류세기를 조절하거나 방사선 조사시간을 조절하는 방법이 있다.

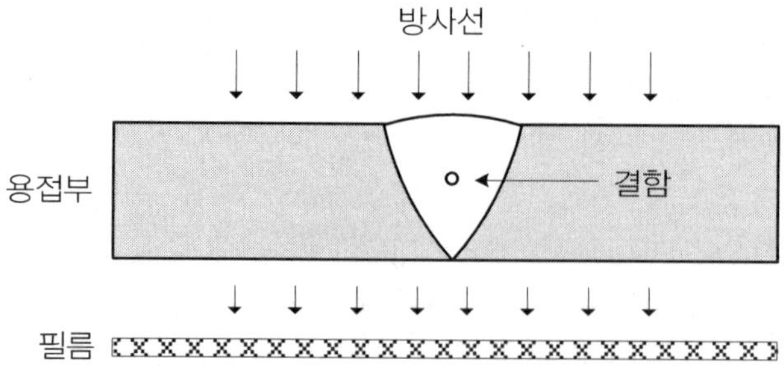

그림 4-3 방사선 검사 촬영방법

2) 방사선 강도

방출되는 방사선 총량은 선원의 강도와 노출시간에 의해 정해진다. 노출시간과 방사선 강도는 서로 비례한다. 방사선 강도는 방사선원과 필름 간의 거리에 따라 다르다. 방사선 강도는 거리의 제곱에 반비례한다. 결론적으로 방사선 투과 사진 농도는 필름 감도와 노출되는 방사선 총량에 의해 결정된다.

3) 방사선용 필름

방사선에 사용되는 필름은 X선이나 감마선이 감광 유제층에 도포된 화학물 입자에 부딪치면 방사선 강도에 따라 입자의 물리적 위치가 변하게 된다. 변화가 일어난 필름을 현상액에 넣어 반응시키면 조사된 방사선 정도에 따라 은으로 변하게 되는데 이때 감광된 방사선에 따라 변하는 정도가 다르기 때문에 상(시험체 내부 상태)을 만들게 된다.

필름에서 방사선을 많이 받은 부분은 은으로 많이 변하게 되고(검은색으로 보임) 적게 받은 부분은 적게 변하게(흰색으로 보임) 된다. 필름 구조는 보통 보호막, 감광유제, 아세테이트, 감광유제, 보호막으로 5개의 층으로 구성된다. 아세테이트는 아세틸셀룰로스에서 생산되는 반합성섬유이다. 필름은 감광정도에 따라 Type 1, Type 2, Type 3, Type 4가 있다.

- Type 1 : 감광정도가 낮음, 명암도는 아주 좋다.
- Type 2 : 감광정도가 중간, 명암도는 좋다.
- Type 3 : 감광정도가 높음, 명암도는 중간이다.
- Type 4 : 감광정도가 아주 높음, 명암도는 매우 좋다.

4) 방사선 검사 순서

방사선 검사에서 순서는 촬영, 현상, 정지, 정착, 세척, 건조 순이다.

(1) 촬영 : 시험체 뒤쪽에 필름을 넣고 위에서 방사선을 조사한다.

(2) 현상 - 조사시킨 필름을 현상액에 담구어 현상시킨다.
- 감광유제에 조사된 방사선량에 따라 형체가 현상된다.
- 현상액 온도에 따라 현상시간이 정해져 있다.

(3) 정지 - 현상액에 꺼내어 물에 씻는다.
- 현상액이 필름에 작용하는 것을 중지하기 위해서 현상액이 남아 있지 않도록 깨끗이 씻어야 한다.

(4) 정착 - 정착액에 담근다.
- 현상되지 않은 은입자를 제거하고 현상된 은입자는 잘 정착되도록 한다. 필름이 끈적거리지 않도록 한다.

(5) 세척 : 정착액을 씻어낸다.

(6) 건조 : 열풍을 이용하여 말린다.
30분 가량 말리는데 고온상태가 되지 않도록 50° 이하로 유지한다.

5) 투과도계

투과도계는 필름에 조사된 방사선량이 적절한지를 판단하고 어떤 조건으로 검사가 되었는지를 확인하는 자료로 사용하기 위해 적용된다. 투과도계를 필름 위에 올려놓고 방사선 촬영을 하면 필름에 조사량에 따라 나타나는 모양이 달라진다. 이를 판독하면 조사된 방사선량을 대략적으로 가늠할 수 있다.

투과도계 재질은 투과될 재질과 동일하거나 방사선적으로 유사한 재질로 만든다. 투과도계의 상은 방사선 투과시험이 적절한 조건하에서 사용되었는가에 대한 영구적인 증거가 되며 투과도계는 여러 가지 형이 있다.

① ASTM형 투과도계

ASTM에서는 지름이 T, 2T, 4T 크기를 갖는 3개의 구멍과 고유번호를 포함한 모양을 갖는 투과도계를 사용하며 이때 T는 그 투과도계가 갖고 있는 두께를 나타낸다.

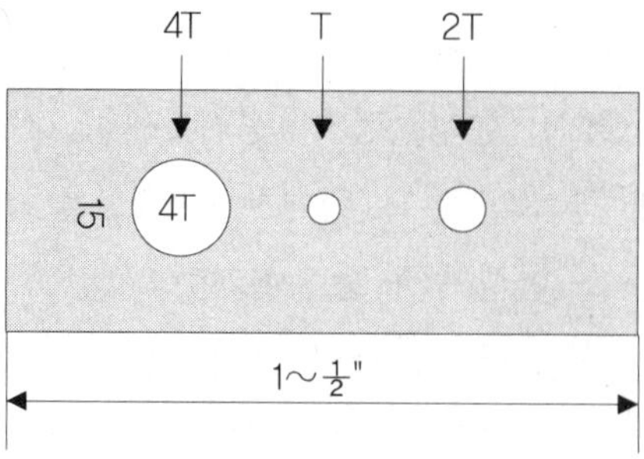

그림 4-4 ASTM형 투과도계

② KS형 투과도계

이 투과도계는 지름이 서로 다른 철심 와이어를 플라스틱 판위에 고정시킨 형태로 식별번호는 납으로 표시한다.

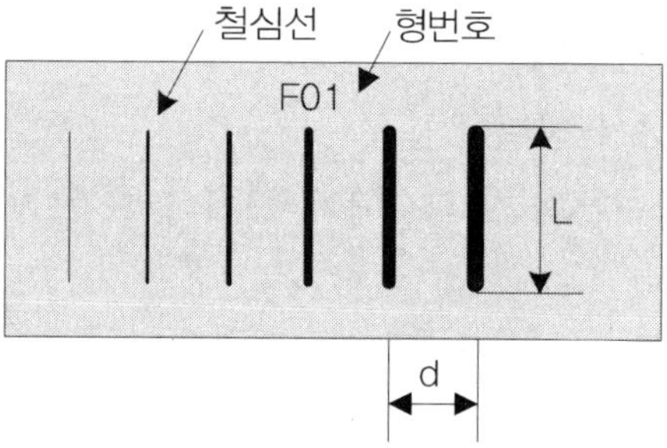

그림 4-5 KS형 투과도계

5장

침투탐상검사

1) 개 요

시험체 표면에 있는 결함을 검사하기 위한 검사방법으로 결함을 눈으로 쉽게 구분할 수 있게 하기 위해 형광물질이나 가시염료가 포함된 침투액을 시험체 표면에 침투시키고, 침투된 침투액으로 표시되는 지시상태를 관찰하므로 결함 위치, 상태, 모양 등을 검사한다. 침투검사 특징은 다음과 같다.

- 표면에 발생하는 결함에 대한 검사에 적합하다.
- 각종 열처리 균열, 심, 단조겹침, Burst, 콜더셧, 피로균열 등의 표면결함을 잘 표시한다.
- 시험체 모양이나 크기, 위치 등에 구애받지 않는다.
- 침투제는 염색 침투제와 형광 침투제가 있다.
- 금속뿐만 아니라 모든 재질의 적용이 가능하다.
- 침투제 종류에 따라 적용방법이 다르고 적절한 온도 이내에서 검사해야 한다.

2) 검사절차

침투탐상 검사절차는 기본적으로 다음과 같이 7가지 과정을 거쳐 처리한다.

- 전처리 : 시험체 표면에 묻은 이물질을 제거한다.
- 침투처리 : 침투액을 적용한다.
- 세척처리 : 표면에 남은 침투액을 제거한다.
- 현상처리 : 표면의 틈에 침투된 액과 반응하여 색깔이나 형광을 띠게 한다.
- 건조처리 : 말린다.

- 검사 : 색깔이나 형광으로 지시되는 모양을 관찰한다.
- 후처리 : 남아 있는 침투액을 제거하고 필요에 따라 방청작업을 한다.

(1) 전처리

전처리는 시험체 표면에 침투제가 잘 침투될 수 있도록 시험체 표면을 깨끗하게 하는 것을 말한다. 표면에 오염물질이 묻어 있으면 침투제가 제대로 침투되지 않거나 침투제가 오염물질과 반응하여 검출능력이 떨어져 제대로 된 검사가 불가능할 수 있다. 오염물질을 제거하는 방법은 두 가지가 있다.

(2) 기계적인 처리

- 텀블링법, 연마법, 철솔법, 고압 세척법으로 처리한다.
- 텀블링법은 표면에 얇게 묻어 있는 용접 플럭스나 먼지 등의 이물질을 제거할 때 이용된다.
- 연마법은 용착물이나 녹과 같이 쉽게 제거가 가능한 이물질을 제거할 때 이용하고 습식법과 건식법이 있다.
- 철솔법은 철솔을 문질러 표면을 깨끗이 청소한다. 표면이 단단하여 스크래치가 잘나지 않는 물체에 사용한다.
- 고압 세척법은 세척액을 고압으로 불어내어 이물질을 제거한다. 주로 기름이나 그리스 등의 가공중 발생된 이물질을 제거할 때 효과적이다.

(3) 화학적인 처리

- 알칼리, 산, 염기액을 이용하여 세척한다.
- 제거하고자 하는 이물질 종류에 따라 선택된다.
- 녹이나 기름, 그리스 등은 알칼리액을 이용한다.
- 표면에 묻은 금속은 산이나 염기액을 이용한다.

(4) 침투처리

시험체 표면에 침투액을 적용(도포)하는 것을 말한다. 침투액의 적당한 양을 고르게 원하는 부위에 적용하고 방법으로는 분무법, 붓칠법, 침지법 등이 있다.

- 분무법은 침투액이 들어 있는 용기를 공기나 가스 압력으로 액을 분사시켜 시험체 표

면에 고르게 도포하는 방법이며 면적이 크고 넓은 경우에 사용한다. 공기 중에 뿌리기 때문에 공기에 따라 퍼져 외부로 나가지 않도록 적절한 밀폐가 요구한다.

- 붓칠법은 붓을 이용하여 시험체 면에 칠하는 방법이다. 도포량 조절이 쉽지만 넓은 면에 적용하기는 어렵고 공기 중에 퍼지지 않는다.
- 침지법은 시험체를 전체를 침투액에 넣어 전체가 동시에 도포되는 방법이다. 시험체 모든 표면이 도포가 가능하나 소형일 때 적용가능하다. 형태가 복잡한 경우에도 사용이 가능하다. 별도의 설비가 필요하고 대형 시험체는 적용이 곤란하다. 표면 전부가 도포되므로 침투액이 많이 소비된다.

(5) 세척처리

침투액을 표면에 존재하는 흠이나 틈에 침투시킨 후에는 침투액을 제외하고 표면에 남은 액을 제거하는 것을 말한다. 제거하는 방법으로 물세척, 유화세척, 용제세척이 있다.

- 물세척은 적절한 온도(10~40°)의 물을 시험체에 뿌려 표면에 남아 있는 침투액을 제거하는 방법이다.
- 유화세척은 표면에 남아 있는 침투액을 보다 쉽게 제거하기 위해 유화제를 먼저 사용한 후에 물세척하여 제거하는 방법이다. 유화 세척에서는 유화제를 뿌린 후 침투된 침투제가 유화되지 않도록 정해진 시간(5분을 넘어가지 않는다)에 즉시 세척을 해야 한다.
- 용제세척은 물이나 유화제로 세척되지 않는 경우에 용제를 이용하여 완전히 용해시켜 제거한다. 용제를 너무 많이 사용하면 침투된 부위의 침투체도 용해되어 제거될 수 있기 때문에 적정량을 사용한다. 주로 용제를 천에 묻혀서 시험체 면을 닦아내는 방법이 많이 사용된다.

(6) 현상처리

세척이 끝나면 시험체 표면에 발생된 틈속에 침투된 침투액을 표면에 잘 나타나도록 처리하는 것을 현상처리라 한다. 침투된 액이 표면에 잘 지시(표시)되도록 하는 방법은 현상제를 이용한다. 현상제는 세척 후 바로 적용하는 방법과 건조 후에 적용하는 방법이 있다.

현상액을 압축공기나 가스 압력을 이용하여 시험체 전체에 골고루 뿌려 도포시키면 침투된 침투액이 현상액과 반응하여 표면에 잘 표시된다.

(7) 건조처리

적당한 온도의 열풍을 이용하여 건조시킨다. 침투액과 현상액의 반응에 영향을 주지 않도록 건조시간과 온도를 잘 조절해야 한다.

(8) 검 사

침투액이 현상액과 반응하여 표면에 나타나는 현상을 관찰한다. 검사규정에는 현상제 적용 후 7~60분 이내에 관찰하도록 규정되어 있다. 관찰시간은 적용한 현상제 종류에 따라 다르다.

형광성 침투제를 이용한 경우에는 낮은 조도를 갖는 암실에서 자외선 등을 이용하여 관찰한다. 반면 염색 침투제를 이용한 경우에는 시험체 면의 조도가 최소한 500lx 이상이 되는 밝은 곳에서 관찰한다.

(9) 후처리

검사후에 현상액과 침투액을 제거하는 처리과정이다. 물이나 세척용제를 이용하여 깨끗하게 제거한다. 녹을 방지해야 하는 경우에는 녹방지제를 적용한다.

3) 용제 종류

침투탐상에서 사용되는 용제 종류에는 이물질을 제거하기 위한 세척제, 침투를 위한 침투액, 침투액과 반응하여 표시가 되도록 하는 현상제가 있다.

(1) 침투제

표면 결함부(틈, 흠, 크랙)에 침투시키기 위해 도포하는 액체이다. 미세한 부위에도 침투가 용이해야 하고 도포 후 일정한 시간동안 증발하지 않고 적용된 부위에서 남아 있어야 한다. 색깔이나 형광으로 표시가 분명해야 하고 제거가 용이해야 한다. 시험체에 화학반응을 하지 않아야 하고 연소성과 독성이 없어야 한다.

(2) 침투제의 물리적 성질

- 점성 : 점성에 대한 기준은 없으나 점성에 따라 적용 후 기다리는 시간이 다르다.
- 표면장력 : 침투력에 영향을 준다. 표면장력이 큰 것이 좋다.
- 연소성 : 고온에서 증발이 잘 되지 않아야 되고 불에 잘 타지 않도록 높은 인화점을

가지고 있어야 한다.

- 화학성 : 현상제나 세척제와 화학반응을 일으켜 다른 물질로 변하지 않아야 하고 독성이 없어야 하며 부식을 일으키지 않아야 한다.

침투제는 감도시험, 수분함량시험, 점성시험, 퇴색시험 등을 통과해야 적용이 가능하다. 침투제 종류로는 물로 세척이 가능한 수세성 침투제와 후유화성 침투제가 있다. 수세성 침투제는 유화제가 섞어있어 물로 세척이 가능하다. 후유화성 침투제는 별도의 유화제를 뿌린 다음 일정시간 후에 물로 세척해야 한다. 유화제는 기름과 혼합하여 사용하는 유성 유화제와 물에 혼합하여 사용하는 수성 유화제가 있다.

용제성 침투제는 용제에 의해서만 제거가 가능한 침투액이다. 물로 세척이 되지 않고 용제를 묻힌 천을 이용하여 침투제를 제거해야 하기 때문에 넓은 면적에는 사용하지 않고 필요한 부위에 집중적으로 검사할 때 사용된다.

자외선 등을 이용하여 표면 상태가 지시되는 것은 형광성 침투제이다. 밝은 곳에서 색깔로 표시되어 눈으로 구분이 가능한 침투제는 염색 침투제이다.

(3) 세척제

전처리과정에서 시험체 표면에 붙은 이물질을 제거하거나 침투액을 도포한 후에 표면에 묻은 침투액을 제거하는데 사용된다. 세척제로는 물이나 용제 세척액이 있다.

(4) 현상제

침투액과 반응하여 색이나 형광으로 표면부 결함을 더 잘 표시되도록 하는 역할을 한다. 현상제는 다음과 같은 조건을 만족시켜야 한다.

- 침투제를 흡입하는 흡수력이 있어야 한다.
- 시험체 색깔과 대비가 뚜렷한 색상이어야 한다.
- 표면에 얇게 도포되어야 한다.
- 침투제와 쉽게 섞여야 된다.
- 세척이 용이해야 한다.
- 시험체 표면을 부식시켜서는 안된다.
- 유독성이 없어야 한다.

현상제 종류에는 건식 현상제와 수용성 습식 현상제 그리고 비수용성 습식 현상제가 있다.

- **건식 현상제** : 미세한 분말로 형광 침투액을 사용하는 경우에 적용된다.
  산화규소의 미세한 분말을 사용한다. 공기 분무기로 전체 또는 필요한 부위에 분무한다.
- **수용성 습식 현상제** : 분말을 물과 섞어서 적당한 농도로 사용한다.
  분말로는 미세한 점토 분말을 사용한다. 모든 침투액에 사용가능하다.
- **비수세성 습식 현상제** : 용제에 분말을 섞어 스프레이 형태로 뿌려서 사용한다.
  분말로는 산화마그네슘, 산화칼슘 등이 있다. 용제는 알코올 등과 같은 휘발성이 빠른 액체를 사용한다.
  물로 세척되지 않은 용제는 닦아서 제거해야 한다.

표 5-1 침투액 종류에 의한 시험절차

침투액 종류	시험법 기호	시험절차									
		전처리	침투처리	유화처리	세척처리	제거처리	건조처리	현상처리	건조처리	관찰·검사	후처리
수세성 형광침투액	FA-D	○	○		○		○	○		○	○
수세성 염색침투액	VA-W	○	○		○			○	○	○	○
수세성 형광침투액(무현상제)	FA-N	○	○		○		○			○	○
비수세식 형광침투액(건식)	FB-D	○	○	○	○		○	○		○	○
비수세식 형광침투액(습식)	FB-W	○	○	○	○			○		○	○
용제제거성 염색침투액(습식)	VC-W	○	○			○		○	○	○	○
용제제거성 형광침투액	VC-S	○	○			○		○		○	○
용제제거성 형광침투액(무현상제)	FC-N	○	○			○				○	○

6장
누설탐상검사

1) 개 요

누설검사는 액체나 기체를 보관하기 위한 용기, 탱크를 제작한 후 누출되는 곳이 없는지 기밀(airtight), 수밀(watertight), 유밀(oiltight)을 검사하는 비파괴 검사방법 중에 하나이다.

LNG 또는 LPG선박의 저장탱크, 가스배관, 화공약품 저장고 등의 액체나 기체 누설을 방지하고 용기의 파손을 예방하는 역할을 한다.

결론적으로 누설검사는 제품의 안전한 사용을 보장하고 신뢰성을 가지도록 하고 용기 파손을 방지하는 것을 목적으로 하고 있다.

누설검사를 위한 방법에는 가스를 이용하는 방법, 물이나 형광액체, 침투액 등의 액체를 이용하는 방법으로 기체나 액체를 넣고 압력을 가하여 누설되는 부분을 확인하는 방법, 일정한 압력을 가한 다음 압력 변화여부를 감지해 누설여부를 판단하는 방법이 있다.

2) 누설검사 원리

누설검사 기본적 원리는 용기 또는 탱크에 누설되는 곳이 없는지를 검사하는 것으로 기체나 액체를 넣고 압력을 가하면서 누설되는 곳을 찾는다. 압력이란 단위면적에 가하는 힘을 말한다. 압력과 단위면적에 가하는 힘으로 나타낸다.

$$P = \frac{F}{A}$$

여기서 P : 압력, F : 힘, A : 단위면적이다.

누설검사에서 압력은 몇 가지로 구분하여 사용하고 있다.

가장 일반적으로 사용되는 압력으로 대기압력이 있다. 그 외 진공압력, 절대압력, 게이지압력이 있다. 대기압력은 공기 무게에 의해 가해지는 압력으로 기압이라고도 한다. 고도가 높아질수록 압력이 낮아지고 고도가 낮을수록 높아진다. 평균높이에서 대기압을 1기압이라 한다. 단위는 hPa(핵토파스칼)이다.

대기압력(hPa) : 1기압 : 760mmHg

진공압력은 대기압력보다 낮은 압력을 말한다. 완전 진공압력은 대기압이 0일 때를 말한다.

절대압력이란 가스가 담긴 용기에 실제로 미치는 압력을 말한다. 용기는 가스 압력인 게이지 압력에 대기압력을 더해서 가해지는 압력이 실제로 받는 압력이다. 따라서 절대압력은 가스압력(게이지 압력)과 대기압력을 합하면 된다.

절대압력(kg/cm^2abs = 게이지 압력(kg/cm^2) + 대기압력(kg/cm^2)

가스 용기 게이지에 1kg/cm^2으로 표시된다면 이 압력은 통상의 대기압력은 고려하지 않은 압력이다. 왜냐하면 가스용기 게이지는 대기압력을 알 수 없기 때문이다. 하지만 가스 용기는 가스가 없는 상태에서도 대기압력에 의해 압력을 받고 있다. 여기에 가스가 담기면 가스 압력이 더해져 압력을 받게 된다. 이때의 압력을 절대압력이라 한다.

게이지 압력은 표준 대기압력하에서 가스 압력이 압력 게이지에 표시되는 압력을 말한다. 즉, 가스 압력은 게이지에 나타나는 압력이다.

3) 누설검사에 사용되는 기체의 종류와 성질

누설검사에 사용되는 기체에는 여러가지 종류가 있다. 검사환경과 검사조건에 따라 적절히 선택하여 사용된다. 많이 사용되는 기체는 공기, 질소, 산소, 수소, 일산화탄소, 이산화탄소, 암모니아, 염소, 기타 불활성 가스(헬륨, 아르곤, 네온 등)가 있다.

- 공기(air) : 무색 무취로 질소(N_2, 78%), 산소(O_2, 21%), 아르곤(Ar, 0.94%), 이산화탄소(CO_2, 0.3%) 그리고 미량의 불활성 가스로 이루어져 있다.
- 질소(N) : 공기 중에 가장 많은 비율(78%)을 가지고 있다. 비금속 원소로 불연성이고 화

학적으로 안정되어 있다. 무색, 무취, 무미한 기체이고 녹는점은 −210℃, 끓는점은 −196℃, 비중은 0.8g/cm^3이다.

- 산소(O_2) : 비금속 원소이고 연소성 가스로 다른 물질과 반응하여 산화물을 만들기 쉬운 활성 기체이다. 녹는점 −219℃, 끓는점 −183℃, 밀도는 1.4g/L이다. 산소는 생명체에게 필수적인 요소이지만 고압의 순수한 산소는 인체에 위험하다.
- 수소(H) : 무색, 무취, 무미한 기체로 끓는점 −253℃, 녹는점 −259℃, 밀도 0.09g/L이다. 가장 가벼운 원소이고 열전도도가 아주 높다. 두 개의 수소분자로 이루어진다. 수소를 연소시키면 잔존물이 물로 나오기 때문에 청정 에너지라 한다. 연료 전지의 연료로도 사용된다.
- 아르곤(Ar) : 단원자 분자 기체로 무색, 무취, 무미하고 비활성 기체이다. 공기보다 무겁고 물에 녹는다. 녹는점은 −189℃, 끓는점은 −186℃, 밀도는 1.8g/L이다. 공기 중에 094%를 차지하며 고온에서 안정되고 비활성기체이다. 공기 중에 포함된 비활성 기체 중에서는 가장 많이 존재한다. 아르곤은 물질이 다른 기체와 반응하는 것을 방지하는 용도로 많이 사용된다. 저온에서 방전하면 다양한 색을 방출하기 때문에 광고판에 사용된다.
- 이산화탄소(CO_2) : 물에 녹아 탄산이 되고 무색, 무취이고 승화점은 −78.5℃이며 독성이 없는 불연성 가스이다. 탄산을 마시면 따끔거리는 것은 녹아있는 이산화탄소가 기체로 기화되면서 자극하기 때문이다. 압력을 가하면 쉽게 액화시킬 수 있다. 높은 압력을 가하면 고체(드라이아이스)가 된다. 상온에서 대기압에 두면 기체로 바로 승화하는 특성이 있다.
- 암모니아(NH_3) : 리트머스 용지를 푸르게 변화시키는 약염기성으로 질소와 수소 화학물이다. 공기 중에서 타지 않지만 산소 속에서는 연소되어 질소와 물로 생성된다. 역겨운 냄새가 나며 물에 잘 녹으며 독성이 있다. 기체의 녹는점은 −77℃, 끓는점은 −33.4℃이다. 사람 몸속에서 단백질을 분해할 때 생성된다. 생물체는 생성된 암모니아를 요소(포유류, 양서류)나 요산(파충류, 조류)으로 바꾸어 저장한 후 배출한다.

3) 누설탐상법

누설탐상에서 누설여부를 감지하는 방법으로는 추적 가스를 이용하는 법, 기포 누설을 이용하는 법, 특정 가스를 사용하고 이를 감지하는 센서를 이용하여 감지하는 법, 용기에 압력을 가한 후에 압력변화를 감지하여 누설 여부를 검사하는 방법이 있다.

추적 가스 검사법에서는 암모니아나 이산화탄소를 이용한다. 암모니아 경우에는 용기에 브롬 크레졸 염료를 바르고 건조시킨 후에 암모니아를 용기에 주입하면 누출되는 부위에 암모니아가 화학반응을 일으켜 색깔이 자주색으로 바뀌게 되므로 화학반응이 일어나는 부위를 검사하므로 누출위치를 찾을 수 있다.

이산화탄소를 이용하는 경우에는 이산화탄소와 반응하는 액체를 용기 표면에 도포하므로 누출되는 부위가 있으면 색상이 변하게 되어 암모니아 경우처럼 화학반응을 이용하여 검사하는 방법이다.

검출기 검사법에서는 특정 가스에 반응하는 센서(특정 가스에 반응하는 검출기)를 이용하여 용기에서 누출되는 가스가 있는지를 검출기를 이용하여 검사하는 방법으로 용기에서 가스가 누출되는지 여부를 확인하는 검사방법이다.

압력변화검사는 용기에 압력계를 설치하여 용기에 압력을 변화시킨 후(압력을 높이거나 낮춘다) 압력계 수치가 변화하는지를 확인하므로 용기의 누출여부를 검사하는 방법이다.

7장

육안탐상검사

1. 개 요

육안검사(Visual Inspection)는 사람의 눈이나 보조장비로 관측장비 또는 계측장비를 이용하여 시험체 변형, 파손, 크랙 등을 확인하는 것을 말한다. 조선소, 발전소, 해양플랜트, 구조물제작, 항공산업 등 산업 전체가 대상이다. 가장 원천적이고 기본적인 검사방법으로 검사장비를 많이 필요로 하지는 않는다. 누구나 검사 할 수 있을 것 같으나 정밀진단을 위해서는 검사대상체에 대한 충분한 지식과 경험을 필요로 한다. 필요 장비로는 길이를 측정하는 장비와 내시경, 현미경 등의 장비가 있다.

육안검사는 다양한 비파괴 검사방법 중의 하나로 기본적이고도 중요한 검사방법이다.

시험체 외부 상태를 파악하여 변형이나 파손이나 부식, 마모, 틈이 발생하는지를 파악하고 필요한 경우 추가적인 검사가 되도록 하여 시험체 안정성을 확보하는데 목적이 있다.

1) 육안검사 목적

① **제품의 완성도** : 제작된 제품이 설계대로 외형이 잘 갖추어지고 치수대로 잘 제작되었는지를 검사하는 것이다.

② **사용상의 결함** : 제작된 제품이 결함을 가지고 있지 않는지, 가공 중에 발생된 결함은 없는지를 검사하는 것이다. 그리고 사용 중에도 주기적으로 검사를 통하여 제품이 계속하여 정상적으로 사용 가능한지 여부를 검사해야 한다.

③ **결함의 원인 분석** : 제작된 제품에 발생된 결함의 원인이 무엇인지 결함을 방지하기

위해서 어떤 조치가 필요한지를 분석하여 제품을 제작하는 기술이나 재료의 기능을 향상시키는 방법을 연구하는데 사용된다.

2) 육안검사 기본요소

① **검사자** : 육안검사에서 가장 중요한 요인이다. 검사대상물에 대한 충분한 지식과 경험을 가지고 있어야 한다. 검사체에 발생하는 결함들은 다양한 요인이 작용하기 때문에 검사체 재질, 가공방법, 구성요소, 작동원리, 작동환경 등의 복잡하고 다양한 요인들을 이해하고 결함이 발생하는 요인들을 모두 파악하고 예측 가능한 능력이 요구된다.

② **검사체** : 제품 외형, 검사체 위치, 크기, 구조 등에 따라 필요한 보조장비가 결정된다.

③ **보조장비** : 거리나 온도, 두께, 전압 등을 측정하는 측정용 장비와 내 외부 상태를 세밀하게 관찰하기 위한 관측장비로 구분된다. 기계적 측정장비로는 버니어 캘리퍼스, 자. 마이크로메터, 인디게이트, 각종 게이지 등이 있고 적외선 온도측정기, 초음파를 이용한 도장두께 측정기, 전압측정기 등의 측정장비가 있다.

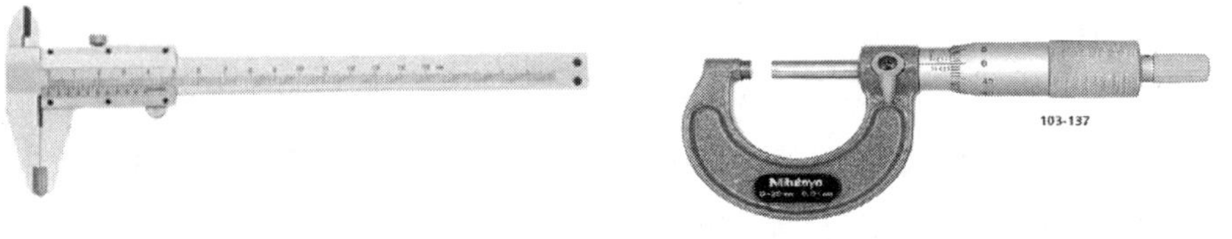

(a) 버니어 캘리퍼스　　　(b) 마이크로미터

그림 7-1　측정용 장비

④ **관찰장비** : 사람이 들어갈 수 없는 좁은 곳에는 내시경이나 관로로봇에 카메라 렌즈를 사용한 스코프가 사용된다. 표면을 집중적으로 관찰하기 위해서는 현미경이나 확대경, 돋보기 등의 광학장비가 사용된다.

⑤ **조명** : 육안검사에서 꼭 필요로 하는 요인이다. 육안으로 검사하기 위해서는 충분한 밝기의 조명이 뒷받침되어야 한다. 검사체 표면에서 최소 350lux 권장밝기로는 500lux가 요구된다. 또한 관로검사나 내시경을 통한 검사에서 충분한 조명이 제공되지 못하면 검사가 불가능하기 때문에 검사규정에 의해 검사 환경에 따른 필요한 밝기가 제시되어 있다.

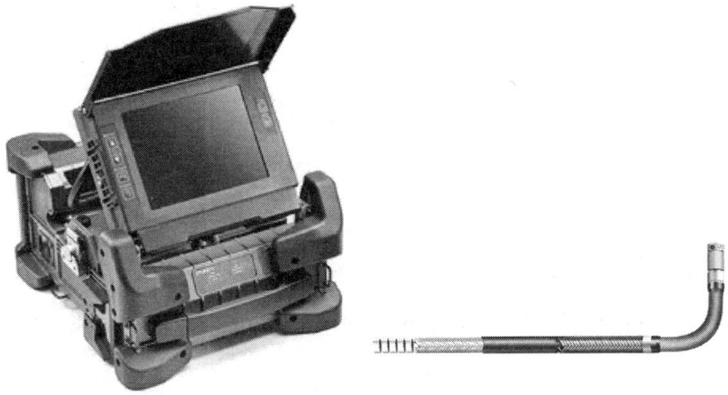

그림 7-2 산업용 내시경과 프로브

그림 7-3 두께 측정기

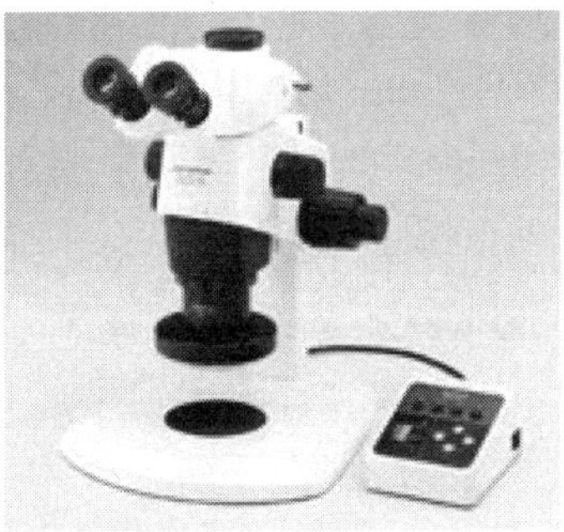

그림 7-4 현미경

⑥ 기록 : 검사보고서의 항목으로 구체적으로 명시되어 있다.

- 검사품의 명칭
- 검사품의 제작자
- 검사품의 재질
- 검사품의 검사부위
- 검사품의 합격기준
- 검사품에 발생한 결함의 형태, 위치
- 검사자의 자격, 경력, 이름
- 검사일자

2. 검사방법

육안검사는 시험체 내부검사와 외부검사로 구분된다. 외부검사에는 시험체 외부의 상태를 확인하여 이상 여부를 검사한다. 외부검사 시 필요에 따라 자세한 관찰을 위해 현미경이나 돋보기 등의 간단한 장비가 사용되기도 한다.

시험체 내부 상태를 검사하는 내부검사에서는 시험체 크기가 작고 좁은 경우에 내시경이나 관로 로봇을 이용하여 내부 상태를 관찰한다. 내부검사에 사용되는 관측장비에는 확대경, 돋보기, 내시경, 관로로봇 등이 있다.

결함이 발견되면 길이를 측정하는 장비, 두께를 측정하는 장비, 온도를 측정하는 장비, 전압을 측정하는 장비, 도장두께 측정장비 등 필요 장비를 사용하여 결함위치, 크기, 상태를 측정하고 촬영한다.

조선분야에서는 가장 많은 작업은 용접이다. 용접부에 발생하는 결함은 심각한 피해를 가져오기 때문에 용접부 검사는 중요한 업무 중의 하나이다. 용접부 결함은 대부분 용접 내부에서 발생되기 때문에 초음파 탐상으로 검사하는 것이 가장 확실한 검사방법이다.

하지만 현장에서 용접부 전체를 초음파 검사를 하기에는 현실적으로 불가능하다. 때문에 결함이 자주 발생하는 곳, 결함이 예측되는 곳, 결함이 발생하면 심각한 문제가 일어날 수 있는 곳 등의 특정한 위치는 전문적 장비를 이용하여 집중적으로 검사하고 있다.

용접부를 전체는 육안검사를 통해 이상 유무를 확인하고 이상 징후가 있으면 다른 비파괴 검사를 실시하여 정밀검사를 하게 된다. 용접부 육안검사하는 방법에 대해 알아보자.

용접부 검사는 CWI자격을 갖춘 용접검사원이 시행한다. 한국용접공업협동조합에서 미국용접학회와 협약하여 CWI 자격시험을 시행하고 있다. 용접검사원보는 CAWI 자격이라 한다. 자격증의 발행은 한국산업인력관리공단에서 한다.

(1) 용접검사원이 용접부에 대해 육안검사로 시행하는 내용

- 용접을 위한 자재 준비는 잘 되었는가
- 용접준비를 규정대로 되어 있는가(duties before welding)
- 용접을 규정대로 시행하고 있는가(duties during welding)
- 용접이 규정대로 잘 되었는가(duties after welding)

(2) 용접준비에 대한 검사내용

- 용접절차사양서 : 절차상에 이상은 없는가
- 용접준비 : 규정에 따라 준비되었는가
- 용접사 자격 : 적합한 자격증을 가진 사람인가
- 재료 : 재료의 재질이 시방서에 명시된 것인가, 재료의 재질에 결함이 없는가, 오염물질은 잘 제거 되었는가, 재료의 관리상태가 양호한가, 재료의 관리 이력이 잘 되어 있는가
- 용접부위 : 용접할 부위가 깨끗하게 손질되어 있는가, 오염물질은 없는가
- 예열검사 : 용접전에 예열이 적절하게 되어 있는가
- 용접봉 : 규정에 적합하고 명시된 용접봉을 사용하는가

(3) 용접을 규정대로 시행하고 있는가

- 용접환경 : 용접현상의 상태가 규정대로 잘 정리되어 있는가
- 용접방법 : 용접방법이 규정이나 시방서에서 정한 방법과 일치하는가
- 용접온도 : 규정에서 정한 범위내의 온도를 사용하는가
- 용접전류 : 규정에서 정한 전기(교류, 직류, 삼상)를 사용하고 정해진 전류를 사용하는가
- 용접작업 : 루트런, 가우징, 그라인딩 등의 작업을 규정대로 시행하는가 용접이 규정대로 잘 되었는가
- 용접위치 : 용접위치가 시방서 또는 설계도에 명시된 대로 시행하였는가 설계도의 번호와 일치하는가
- 용접형태 : 비드의 형상이 적절한가, 이물질은 잘 제거되었는가
- 후열처리 : 규정에 따라 적합하게 시행하는가
- 도면확인 : 설계도면과 비교하여 정확하게 시공되었는지 확인한다.
- 서류처리 : 품질, 용접결과 등을 서류에 기록하여 정확한지 확인한다.

(4) 검사보고서에 명시해야 하는 항목

- 생산자 또는 제작자의 이름
- 검사제품명
- 제품의 재질과 형태와 크기
- 용접형태

- 합격기준
- 결함의 위치와 결함의 상태
- 검사자 자격, 이름, 검사일자

8장

와전류 탐상검사

1. 개 요

와전류 검사는 시험체를 코일로 감은 후에 교류전류를 흘리면 코일에 흐르는 교류전류에 의해 자장이 형성된다. 이때 형성된 자장은 코일 아래쪽에 위치한 시험체에 영향을 주고 이 영향으로 시험체에 전류가 발생되는데 이러한 전류를 유도전류라 한다. 유도된 전류는 시험체 내에서 맴돌게 되기 때문에 맴돌이 전류(와전류)라 한다.

시험체에 재질이 일정하면 코일의 자장이 일정하게 형성되면서 시험체에 영향을 미치지만 시험체 재질에 결함(불연속부)이 존재하면 결함에 의해 자장이 일그러져 와전류의 흐름이 미세한 변화를 일으키게 된다. 이러한 현상을 감지하여 시험체 결함 유무를 검사하는 방법이 와전류검사이다.

결함이란 시험체 재질에 존재하는 불연속부이다.

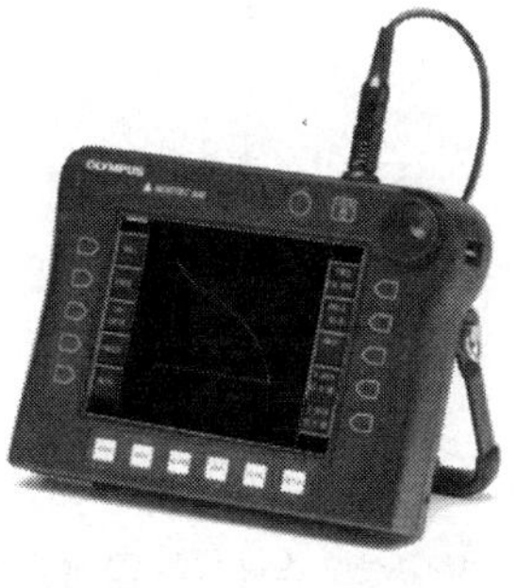

그림 8-1 와전류 탐상기

2. 검사원리

와전류 검사는 교류전류에 의해 발생되는 자장과 전장에 대해 이해하여야 한다.

자장은 자기장, 전장은 전기장의 약자이다. 자기장에 대한 자세한 내용은 자분탐상 검사편을 참고하기 바란다. 코일에 교류전류를 흘리면 코일에 자장이 형성된다. 직류에서는 자장형성이 안된다.

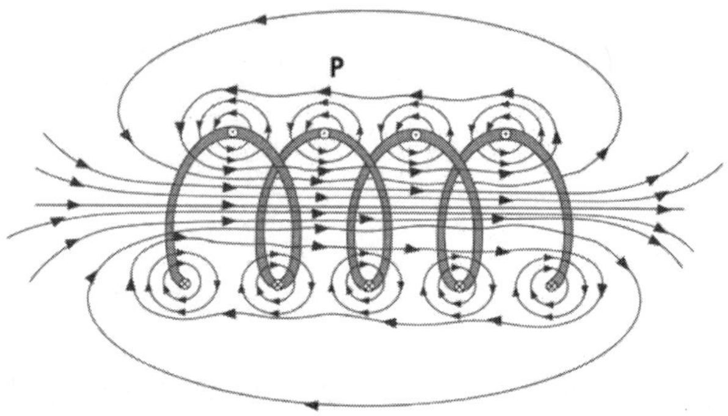

그림 8-2 코일에 전류가 흐를 때 형성되는 자장

교류는 전류흐름이 지속적으로 변화하기 때문에 변화하는 정도에 따라 자장세기가 정해진다. 변화가 적으면 자장이 약하고 변화가 많으면 강한 자장이 형성된다. 형성되는 자장은 교류전류에 따라 같이 변화하게 되는데 이 변화하는 자장에 의해 금속판에 전기가 발생하게 된다. 자장변화에 의해 전기가 발생되고 전기는 자장변화를 일으킨다. 금속판에 발생되는 전기는 금속판이 고립되어 있기 때문에 금속판 자체에서 맴돌게 된다. 이를 맴도는 전류라 하여 와전류라 한다.

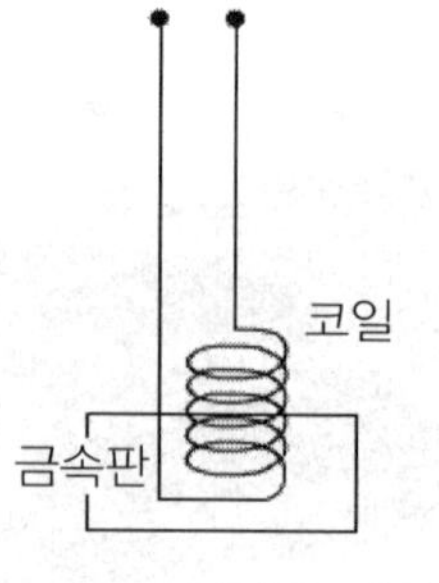

그림 8-3 와전류 탐상원리

유도전류에 대해 알아보자. 1차 코일과 2차 코일이 있을 때 1차 코일에 교류전류를 흘리면 상호유도작용(전류와 자장에 의해 발생된다)에 의해 2차 코일에 전류가 흐르게 되는데 이를 유도전류라 한다. 코일에 근접한 금속판에서도 동일한 현상이 일어난다.

여기서 1차 코일에 의해 유도되어 2차 코일에 흐르는 전류는 2차 코일에서 어떤 원인으로 인해 전류흐름에 변화가 생기면 이 전류변화는 유도전류를 일으킨 1차 코일에 다시 영향을 미쳐 코일에 흐르는 전류에 변화를 주게 된다. 이러한 현상은 코일과 금속판 간에도 동일하게 일어난다.

따라서 금속판에 형성된 와전류가 금속판에 존재하는 결함으로 인하여 전류에 변화를 일으키게 되면 이 변화는 다시 코일에 흐르는 전류에 변화를 주게 되므로 결함 여부를 알 수 있게 된다.

금속판에서 전류변화는 금속판의 재질밀도가 달라지거나 불연속부가 있을 때 발생된다. 전류변화 정도는 재질내부 상태변화에 비례한다.

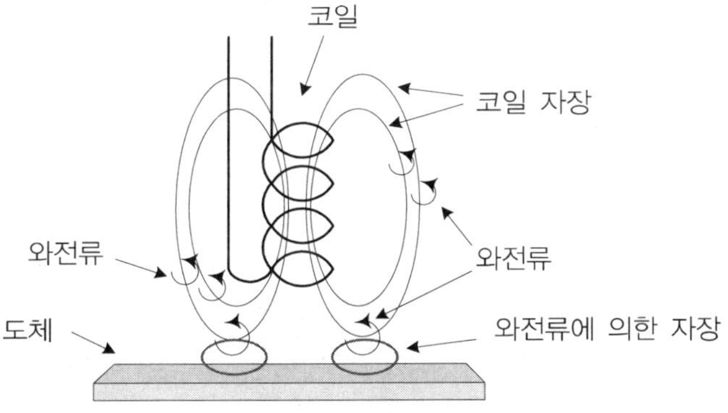

그림 8-4 와전류 검사원리

와전류흐름에 방해를 주거나 영향을 미치는 실제 요인을 살펴보면 금속판이 찌그러진 경우, 균열이 있는 경우, 이물질이 들어 있는 경우, 휘어진 경우, 강도가 달라진 경우, 조직이 변화된 경우 등이 있다.

3. 와전류 탐상 특징

와전류 탐상검사를 할 때 와전류 탐상이 가지고 있는 고유 특징을 알고 여기에 맞추어 검사를 해야 한다.

1) 표피효과

표피효과는 코일에 의해 유도되는 와전류가 시험체 표면부근에 집중되는 현상을 말한다. 유도되어 시험체에 흐르는 와전류는 와전류 자신에 의해 형성되는 자장이 다시 코일의 자장에 반대방향으로 영향을 미치게 된다. 이는 코일의 자장강도를 약화시키는 원인이 된다. 이 때문에 시험체 표면에서는 와전류가 최대가 되지만 내부로 들어갈수록 급격히 약화되게 된다.

표피효과(skin effect)는 코일에 적용되는 교류전류의 주파수와 관련이 있다. 주파수가 낮으면 침투깊이가 깊어지고 주파수가 높으면 침투깊이가 얕아진다. 침투깊이는 교류전류의 주파수, 시험체 전도율과 투자율에 의해 결정되며 다음과 같은 관계를 가지고 있다.

$$\delta = \frac{1}{\sqrt{\pi f \mu \sigma}}$$

여기서 δ : 침투깊이, f : 주파수, μ : 투자율, σ : 전도율이다.

전도율은 전기가 통하는 정도를 나타내고 투자율은 자장이 투과하는 정도를 나타낸다.

2) 모서리 효과

코일에 의해 형성된 자장은 시험체 표면에 와전류를 발생시키게 되는데 시험체 모서리(끝) 부근에 위치하면 유도전류를 일으키는 시험체가 일부가 걸쳐있는 형태가 된다. 이때는 끝 부분에는 금속판이 없기 때문에 자장이 일그러진다. 이는 와전류에 영향을 미치게 되고 이 영향으로 코일 전류에 변화을 일으키는데 이것이 시험체 불연속부에 의해 발생되는지 아니면 모서리에 의해 발생되는지를 구별하기 어렵다.

와전류 탐상에서는 모서리로부터 3mm 이내까지만 검사하도록 규정되어 있다. 모서리 효과(edge effect)는 시험체가 금속판일 경우에 해당된다. 금속판이 아닌 금속봉이나 관이라면 끝부근에서 유사한 현상이 발생하는데 이때는 끝부분 효과(end effect)라 한다.

금속판 모서리 부근에서는 모서리 효과가 발생한다. 금속판이 아닌 금속봉 끝단에서는 끝부분 효과라 한다.

3) 리프트 오프 효과

코일과 시험체 표면간에 거리가 가깝거나 멀어지면 변화정도에 따라 코일의 임피던스가 변하게 된다. 이때 코일에 흐르는 전류를 변화되는데 이러한 현상을 리프트 오프 효과(lift off effect)라 한다. 이 효과는 거리의 미세한 변화에 의해서도 발생하는데 이는 결함으로 판단 착오를 일으키는 원인이 된다. 해결방법은 거리를 일정하게 유지하도록 고정시켜 변화를 최소화 시켜야 한다. 와전류에 사용되는 검사용 코일은 시험체 형상에 따라 적합한 형태를 사용하고 있다. 사용되는 코일 형태의 종류는 다음 설명하는 세 가지가 있다.

- 관통 코일
- 내삽 코일
- 프로브 코일

① **관통 코일** : 검사품을 코일로 감아서 검사하는 경우에 사용된다. 주로 둥글고 직경이 적고 긴 형태의 시험체에 사용된다. 봉, 관 등이 있다.

② **내삽 코일** : 코일을 관 속에 삽입하여 검사하는 경우에 사용된다. 직경이 큰 관에 주로 사용된다.

③ **프로브 코일** : 코일을 금속판에 수직으로 세워 검사하는 경우에 사용된다. 판이나 직경이 아주 큰 관에 사용된다.

검사를 위한 코일의 선택은 시험체(검사체) 형상, 크기, 검사 위치, 검사해야 하는 방법에 의해 선택된다.

4. 결함 지시

불연속부에 의해 코일에 흐르는 전류변화를 스크린으로 출력하여 관찰하므로 결함 여부를 판정한다. 코일의 전류변화를 스크린으로 출력하는 방법은 다음 세 가지가 있다.

- 임피던스 시험법

- 위상분석법
- 변조분석법

① **임피던스 시험법** : 임피던스를 나타내는 게이지로 게이지 바늘이 움직이는 정도를 확인하여 검사한다. 외전류탐상은 위상분석법을 많이 사용한다.

② **위상분석법** : 벡터 점 분석법, 타원법, 시간축 선형법이 있다. 벡터 점 분석법은 스크린에 점으로 신호가 표시된다. 시험체에 형성된 와전류가 변화할 때 점이 이동을 하게 되는데 수평이동은 전도성의 변화를 의미한다. 수직이동은 치수 또는 투자성의 변화를 의미한다.

위상분석법 중에서 타원법의 검사 패턴은 다음과 같다.

타원법에서는 와전류에 변화가 없을 때(결함이 없을 경우)는 스크린에 수평선으로 표시된다. 치수의 변화가 있을 때는 사선으로 표시되고, 전도성 변화에는 타원형으로 표시된다.

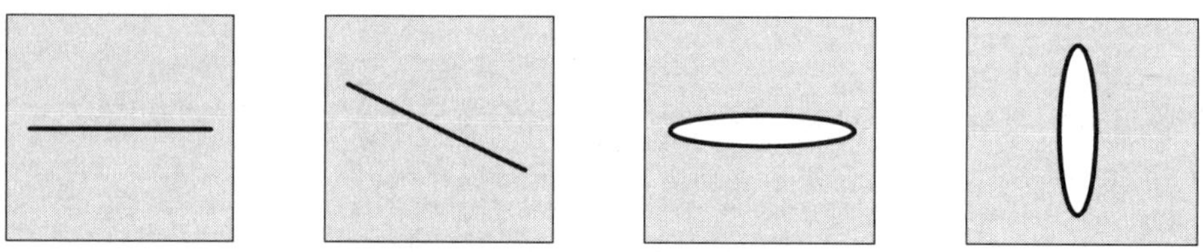

무결함 　 치수결함 　 전도성결함 　 치수와 전도성 결함

그림 8-5 타원법의 검사 패턴

③ **변조 분석법** : 기록계를 이용하여 연속으로 기록하는 것으로 지진계나 뇌파를 기록하는 기록계와 유사하게 생각하면 된다. 패턴을 살펴보면 변화가 없을 때는 움직임이 없다가 변화가 생기면 신호가 좌우로 변하게 된다.

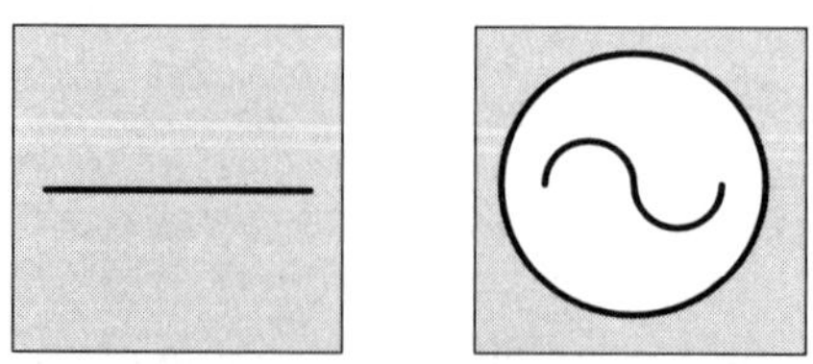

그림 8-6 변조 분석법의 검사 패턴

9장

음향방출탐상검사

시험체에 균열이 발생할 정도로 압력이나 외력을 가하면 시험체에서 탄성파가 발생된다. 이 탄성파를 수집하여 시험체 내부에 일어나는 파동을 분석하여 결함을 파악하고 결함 위치를 찾아내는 검사방법을 음향방출검사라 한다.

시험체 내부에 변형이 일어날 때 발생하는 음향은 균열이 성장하거나, 상변태 또는 변형이 일어날 때 응력파이다. 특히 균열이 성장하거나 소성변형이 일어날 때는 갑자기 급격한 파괴로 이어질 수 있어 조기에 진단하여 대비해야 한다.

음향방출검사는 검출된 응력파는 분석에 의해 균열위치와 상태를 알 수 있고 피로균열이나 응력부식 균열 등의 아주 미세한 균열을 탐지할 수 있기 때문에 미세한 결함에 큰 영향을 받는 구조물 검사에 적합하다.

(1) 음향을 방출하는 신호원의 종류

- 소성변형
- 상변태
- 연성이나 취성파괴

(2) 음향방출법의 특징

- 시험체 전체를 검사할 수 있다.
- 미세한 결함도 감지가 가능하다.
- 시험체 크기와 형태, 구조에 영향을 받지 않는다.

- 결함의 진행정도를 알 수 있다.
- 시험체가 동작하는 중에도 검사가 가능하다.
- 선서를 네트워크에 연결하여 원거리에서 지속적으로 검사할 수 있다.
- 잡음에 민감하다. 잡음이나 진동이 발생하는 경우에는 검사가 어렵다.
- 시험체에 응력이 작용하지 않으면 검사가 불가능하다.

(3) 음향방출검사에 방해가 되는 주요 요인

잡음의 원인은 크게 두 가지가 있다. 전기적 잡음과 기계적 잡음이다.

① **전기적 잡음** : 음향 센서에 전기적으로 영향을 줄 수 있다. 모터가 작동할 때 또는 기타 전원장치에 의해 발생하는 전자기파에 의해 발생되는 전기적 잡음이 있다. 절연이나 차폐를 통해 해결한다.

② **기계적인 잡음** : 기계 장치의 진동이나 소음으로 인해 발생하는 잡음이 있다. 기타 탄성파에 의한 신호 검출 이외에 열적현상을 이용한 검사, 스트레인 측정을 통한 검사, 충수 또는 수압을 이용한 검사, 온도나 적외선을 이용한 검사 등이 있다.

열적현상이란 결함이 있을 때 시험체 열전도도가 달라지는 현상을 이용하여 결함을 찾는 방법이다. 스트레인 측정은 시험체가 변형되면 전기저항이 달라지는 현상을 이용하여 검사하는 방법이다.

충수 또는 수압시험은 물과 같은 액체를 채워서 새는 곳이 없는지 검사하는 방법, 허용치보다 높은 수압(1.5배)을 가하여 변형이 발생하는 곳이 없는지를 검사하는 방법이다.

적외선이나 온도검사는 열의 확산상태를 온도계로 측정하거나 적외선으로 감지하여 검사하는 방법이다.

II부

자분탐상

10장
자분탐상검사

1. 자분탐상검사

자분탐상검사는 강자성체인 소재가 자화되는 특성을 이용하여 자장을 형성시키고 표면부에 존재하는 결함에 의해 누설되는 자장을 감지하여 검사하는 방법이다. 검사하고자 하는 시험체 재질은 반드시 강자성체로 구성되어야 한다. 강자성체는 자화가 가능한 재질이다.

자분탐상검사가 가능한 시험체는 강한 자장을 걸어주면 자석이 되는 재질이어야 되고 시험체 표면과 표면 아래쪽에 존재하는 결함일 때 검사가 가능하다. 이는 표면에 미세한 균열이 있을 때 균열에 의해 자장이 누설되는 원리를 이용하여 검사하기 때문에 균열이 내부 깊이 존재하면 누설자장이 표면까지 미치지 못해 검사가 불가능하다. 누설자장의 여부는 자분가루를 적용하면 자분가루가 누설자장이 있는 곳에 집중되기 때문에 확인이 가능하다.

초음파 탐상은 탐촉자 운용방법에 따라 결함을 나타내는 신호가 다르게 나타나기 때문에 판독에 많은 경험과 지식이 요구된다. 하지만 자분탐상은 결함 유무에 따라 자분 지시가 명확하고 지시모양이 누설되는 자장에 따라 나타나기 때문에 결함위치와 크기, 모양을 쉽게 판독할 수 있다.

2. 자분탐상의 장 · 단점

(1) 자분탐상의 장점

- 시험체 모양이나 크기에 상관없이 검사가 가능하다.
- 미세한 표면검사에 적합한 검사방법이다.
- 표면에서 1/4inch까지 결함검출이 가능하다.
- 표면에 피막이 도포되어 있어도 검사가 가능하다.
- 검사방법이 간단하고 안전하다.
- 전처리과정이 간단하고 검사시간이 짧다.
- 판독이 용이하다.

(2) 자분탐상의 단점

- 강자체성 재질일 때 검사가 가능하다. 플라스틱, 나무, 세라믹, 구리, 스테인리스, 알루미늄은 강자성체가 아니라 검사가 불가능하다.
- 결함에 의한 누설자장이 미치는 깊이는 1/4inch이다. 따라서 이 이상의 깊이에 존재하는 내부결함은 검사는 불가능하다.
- 자장을 걸어 검사하기 때문에 검사 후에 자장을 제거하는 탈자과정이 필요하다.
- 결함형상을 알기 위해 살포한 자분가루에 대한 처리가 필요하다.

11장

자분탐상검사 원리와 특징

1. 자분탐상검사의 원리

자분탐상검사의 기본 원리를 알아보자.

표면에 틈이나 흠(결함)이 존재하면 틈에 의해 자장의 연속성이 끊어지면서 새로운 자극(N극과 S극)이 발생된다. 발생된 자극에 의해 자장이 형성되는데 이 자장은 표면 외부로 영향을 미치게 된다.

표면에서는 자장이 표면 외부로 유출되기 때문에 이때의 자장을 누설자장이라 한다. 누설자장은 결함에 의해 발생되고 누설자장이 형성되는 곳에는 자장에 의해 자분이 모여 지시하기 때문에 결함 여부를 확인할 수 있게 된다.

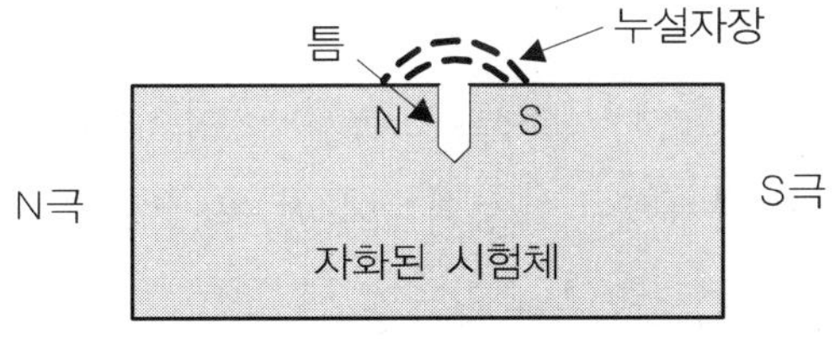

그림 11-1 누설자장

표면에 생긴 미세한 틈은 생긴 틈의 모양대로 자극이 발생되고 이에 따라 누설자장이 형성된다. 따라서 여기에 적용되는 자분이 틈의 형태대로 달라붙기 때문에 결함의 위치뿐만 아니라 결함의 모양도 알 수 있다.

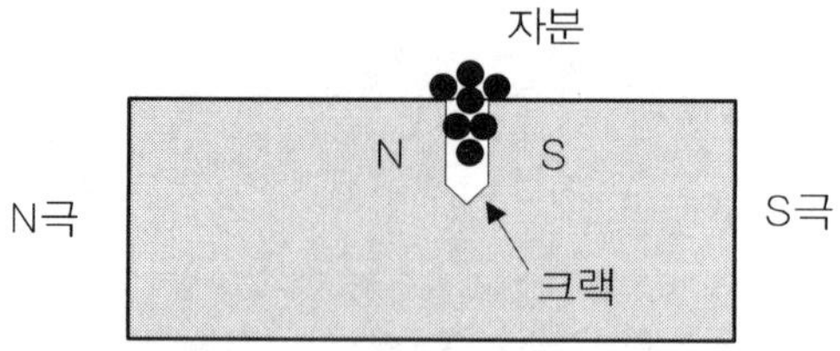

그림 11-2 결함을 지시하는 자분

자장의 연속성을 끊어지게 하는 결함은 시험체 표면에 가까울수록 누설자장이 커기 때문에 표면에서 쉽게 감지된다. 결함이 내부에 깊숙이 존재하면 결함에 의해 발생되는 누설자장이 표면까지 영향을 미치지 않기 때문에 자분이 제대로 적용되지 못한다.

그림 11-3 내부에 있는 결함에 따른 자분의 변화

따라서 자분탐상은 표면이나 표면에 가깝게 발생되는 결함검사에 적합한 탐상법이다. 자분탐상에서 내부에 존재하는 결함을 검사할 수 있는 깊이는 1/4inch(0.5~0.6cm)로 알려져 있다.

2. 자 장

자장은 Magnetic Field로 자력이 영향을 미치는 범위 전체를 의미한다. 도체(전선)에 전류가 흐르면 도체 주위에 자기력이 형성되는데 이 자기력이 형성되는 영역을 자장이라 한다. 막대자석 위에 종이를 올려놓고 종이위에 철가루(자분가루)를 뿌리면 자장이 어떻게 형성되어 있는지를 볼 수 있다.

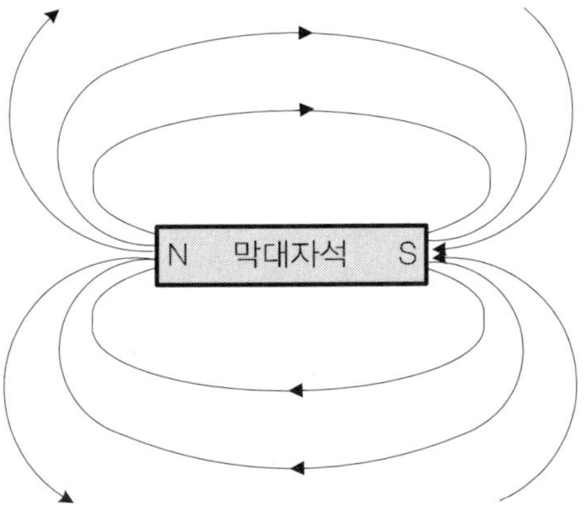

그림 11-4 막대자석에 의한 자장

도체를 오른손으로 감싸 쥐고 엄지손가락을 도체의 길이 방향으로 위로 올려보자. 이때 엄지손가락 방향이 전류가 흐르는 방향이 되고 감싸 잡은 손가락 방향은 자장이 형성되는 방향이 된다. 형성되는 자장의 흐름은 전류방향에 따라 결정되기 때문에 도선에 전류를 위쪽으로 흐르게 하면 자장은 도선 주위를 오른쪽으로 회전하는 형태로 형성된다. 이를 오른손 법칙이라 한다.

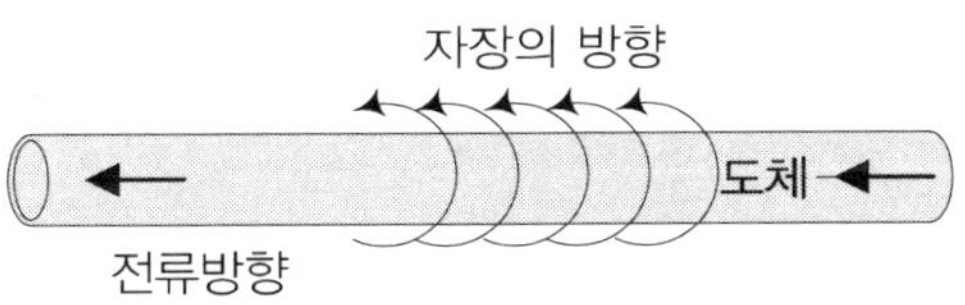

그림 11-5 도선에서 전류의 방향과 자장의 방향

자장은 자기장, 자장의 힘은 자장강도 또는 자장세기라 한다. 자기력선(자력선)이 모여 형성되는 것을 자속이라 한다. 자기력선은 자장의 분포와 영역을 나타내는데 사용된다. 자속밀도는 자속과 수직방향으로 통과하는 단위면적에 존재하는 자기력선의 수를 말한다. 자속밀도와 자장강도는 같은 의미이다. 자기력선이 많으면 자속밀도가 높다는 것이고 자속밀도가 높으면 자기장의 세기(강도)가 크다는 것이다.

(1) 자기력선의 특징

- N극에서 나와서 S극으로 들어간다.
- 항상 폐루프를 구성한다.

- 끊어지거나 교차되지 않는다.
- 자속밀도와 자기장 세기는 비례한다.

자장은 한쪽 방향으로 회전하는 형태를 갖는다. 자장의 방향은 자기력선으로 표현하고 자장분포와 형태는 자기력선의 밀도(자속밀도)로 나타낼 수 있다.

자기력선은 N극에서 S극으로 그리고 S극에서 N극으로 돌아오는 폐루프를 이루고 있다. 자기력선의 힘은 자극에 가까울수록 강하고 멀어질수록 약하다. 이는 양극에 가까울수록 자속밀도가 높고 멀어질수록 자속밀도가 낮다는 것을 의미한다. 자속밀도의 단위는 가우스(Gauss)이다. 10000Gauss = 1T(테스라)이다. 자속강도는 웨버(Wb)를 사용한다.

- **자장** : 자기력의 영향이 미치는 범위, 공간
- **자장강도**(H) : 자장의 세기
- **자기력선** : 자장이 가지는 힘의 방향을 표현하는 선
- **자속**(magnetic flux : ϕ) : 자기력선이 모여 있는 형태(분포)
- **자속밀도**(flux density : B) : 단위면적에 수직으로 통과하는 자기력선 수
- **투자율**(μ) : 자화되기 쉬운 정도
- $1Wb/m^2 = 10^4$
- $1T = 10^4G$

(2) 자극이란 무엇일까

자장은 N극에서 시작되어 S극으로 들어가는 폐루프로 구성된다고 하는데 여기서 N극과 S극을 나타내는 자극이란 어떤 것일까.

자극은 자속밀도가 가장 높고 끌어당기는 힘이 가장 큰 곳이다. 지구도 하나의 자석이기 때문에 남극과 북극이 존재하고 이곳에 자속밀도가 가장 높다. 막대자석을 살펴보자. 막대자석은 가운데를 중심으로 N극과 S극인 두 개의 자극으로 구분되어 있다.

막대자석을 반으로 자르면 N극과 S극으로 분리할 수 있을까.

답은 "아니요"이다. 왜 그럴까.

어떤 자석이라도 반으로 나누면 다시 N극과 S극을 갖는 작은 자석으로 나누어진다. 나누어진 자석을 다시 반으로 나누어도 마찬가지다. 하지만 무한히 나누면 더 이상 나누어지지 않는 크기가 나오는데 이를 자구(magnetic domain)라 한다. 자구는 분자단위의 크기이다. 자구는 원자가 모여 미세영역으로 구성되어진 것으로 자화되는 가장 작은 단위구

조로 이해하면 된다.

전문적인 의미로는 자구는 인접 원자 간에 자화가 상호간 평행되게 배열된 영역을 말한다. 자구가 같은 방향으로 배열될 때 강한 자장을 갖는데 자석은 모든 자구가 일정한 방향으로 배열되어 있다.

한 개의 자구는 약한 자장을 가지고 있지만 전체가 한 방향으로 배열되게 되면 자장이 결합되어 강해지기 때문이다. 자성의 성질을 띠고 있는 물체는 물체에 존재하는 자구가 모두 일정한 방향으로 배열되었기 때문이다. 자구가 무질서(랜덤)한 방향으로 배열되면 그 물체는 자성의 성질을 갖지 못한다. 철과 같은 물질은 외부에서 자장을 걸어주면 자구가 일정하게 배열하게 되는데 이러한 물질을 강자성체라 한다.

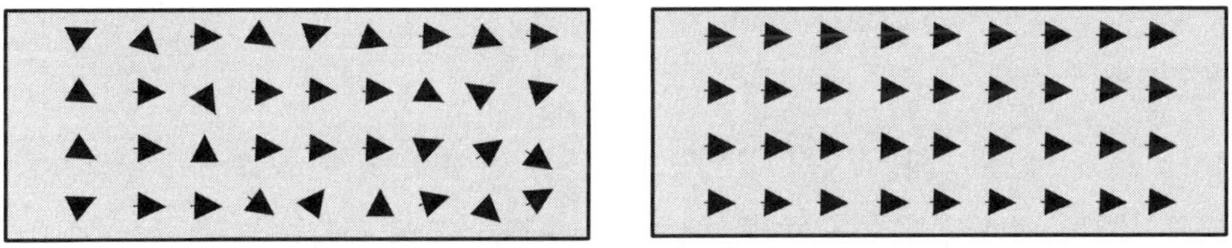

(a) 자화 전 (b) 자화 후

그림 11-6 물체내에서 자구의 방향

다음은 전기와 자기에 관련된 단위를 나타내는 기호를 정리한 것이다. 단위계는 CGS와 MKS 단위계가 있다. 관련 용어는 다음과 같다.

- **자석** : 금속을 끌어당기는 자성을 가진 물질
- **자기력** : 자석의 N극과 S극 사이에 작용하는 힘
- **인력** : 다른 극 사이에 작용하는 힘, 당기는 힘
- **척력** : 같은 극 사이에 작용하는 힘, 밀어내는 힘

표 11-1 전자기 관련 단위

분 류	기 호	MKS계
거리(Distance)	D	Meter
힘(Force)	F	Newton
일에너지(Energy)	W	Joule
전하량(Charge)	q	Coulomb
전류(Current)	I	Ampere

분 류	기 호	MKS계
전압(Electric Potential)	V	Volt
전장(Electric Field)	E	Volts/Meter
저항(Resistance)	R	Ohm
자속밀도(Flux Density)	B	Weber/m²
자기세기, 강도	H	Ampere/Meter
투자율(magnetic permeability)	μ	weber/ampere

3. 자장의 종류

1) 원형자장

말굽자석은 발에 해당되는 자극이 N극과 S극을 가지고 있다. N극에서 나온 자기력선은 공기를 통과하여 S극으로 들어가는데 이때 공기를 통해 나오고 들어가는 자기력선을 누설자속이라 한다. N극에서 S극으로 들어가는 영역(area)은 누설자속장(magnetic flux density)이라 한다.

말굽자석 아래쪽인 자극에 금속을 갖다 대면 달라붙는다. 이는 자기력선이 N극에서 나와 S극으로 들어가면서 자장이 형성되는데 이 자장내에 자화가 가능한 금속이 있으면 금속을 자화시키면서 잡아당기기 때문이다. 그러나 자화되지 않는 물질은 붙지 않는다.

자화가 가능한 금속이라도 말굽자석의 둥근 쪽에 대면 달라붙지 않는다. 왜 그럴까.

말굽자석에서 둥근 쪽은 외부로 자장이 형성되지 않기 때문이다. 즉, 누설되는 자장이 없다는 것이다. 누설자장은 말굽자석 양쪽 발에 해당하는 자극에서 형성되기 때문에 이곳에만 금속이 붙는다. 이제 말굽자석 아래쪽을 더 구부려 완전히 원형으로 만들자. 이러한 모양의 자석은 원형자석이라 한다.

그림 11-7 말굽자석

원형자석은 자기력선이 외부로 누설되지 않고 내부에서만 존재하게 된다. 이는 모든 자기력선이 내부에서 순환되고 외부로는 누설되는 자장이 없다는 의미이다. 따라서 외부에 형성되는 자장은 전혀 없다. 원형자석에서는 금속을 어떤 곳에 갖다 대어도 붙지 않는다.

자기력선이 원의 형태를 가지고 내부로만 순환(내부에서 완전한 폐루프를 형성함)하면서 형성되는 자장을 원형자장(circular magnetic field)이라 한다.

원형자석은 원형자장을 이루고 있기 때문에 자장이 노출되지 않는다. 그러나 표면에 약간의 틈이 발생하면 어떻게 될까. 틈이 발생하면 틈에 의해 새로운 자극이 형성되는데 이 자극에 의해 자장이 외부로 유출되기 때문에 누설자장이라 한다. 이곳에는 금속체가 달라붙게 된다. 자분탐상검사는 이러한 성질을 이용하여 시험체 표면부에 발생하는 미세한 결함을 찾는다.

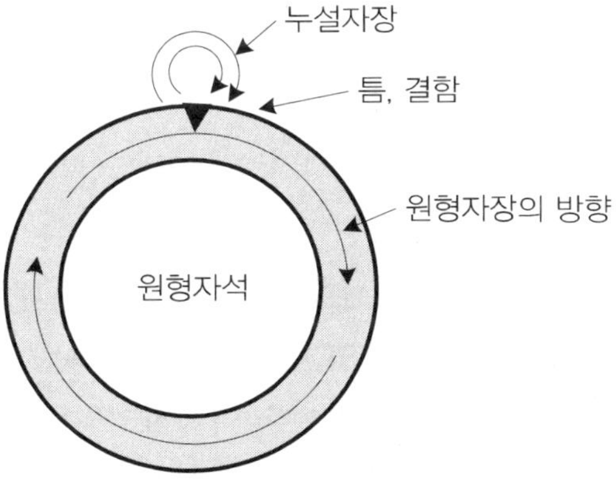

그림 11-8 원형자석에서 누설자장

2) 선형자장

막대자석은 일직선상에 대칭으로 N극와 S극이 존재하고 자장의 형성은 자극인 N극에서 나와 S극으로 들어가는 형태를 갖는다.

막대자석의 내부에는 S극에서 N극으로 자기력선이 흐르게 된다. 이곳의 자기력선 방향은 직선으로 형성되는데 이러한 자장은 선형자장(longitudinal magnetic field)이라 한다.

선형자장은 원형자장에서와 마찬가지로 약간의 틈이 발생하면 여기서 새로운 자극이 형성되고 이 자극을 통하여 외부로 누설자장이 발생된다. 이 누설자장에 의해 금속이 달라붙게 된다.

누설자장 강도(세기)는 발생한 틈(결함)의 깊이와 폭에 의해 결정된다. 틈의 깊이가 깊을수록 그리고 폭이 넓을수록 누출되는 자장이 강하다. 누설자장은 강할수록 자분의 지시를 명확하게 한다.

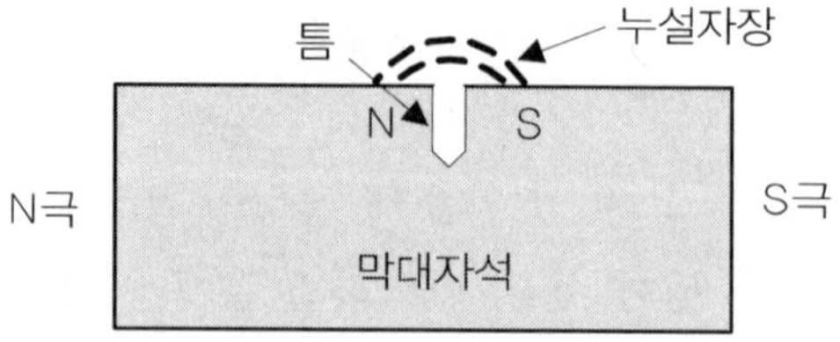

그림 11-9 막대자석에서 누설자장

3) 자장의 강도

자분탐상에서는 결함을 검출하기 위하여 시험체를 자화시킬 때 원형자장과 선형자장을 이용한다. 이때 형성되는 자장의 세기는 사용되는 전류의 세기에 따라 달라진다. 하지만 같은 전류에서도 원형자장과 선형자장이 가지는 자장의 강도가 다르고 자장이 형성되는 모양(자장의 분포 형태)이 다르기 때문에 시험체의 모양과 검사 부위에 따라 적절한 선택이 필요하다.

여기서는 전류의 세기와 원형자장과 선형자장분포 형태에 대해 간단하게 알아보고자 한다. 코일내에 시험체를 넣어 자화시키면 선형자장을 이용한 자화법이 된다.

자장의 강도는 코일에 흐르는 전류로 조절된다. 자장의 강도는 전류의 세기에 비례하기 때문에 자장의 강도를 높이기 위해서는 전류를 많이 흘리고 강도를 낮추려면 전류를 적게 흘리면 된다. 도체에 전류가 흐르면 도체의 주위에 자장형성되는 이때 형성되는 자장은 원형자장이다. 원형자장은 도체 표면에서 가장 높게 나타나고 멀어질수록 약하게 나타난다.

전류의 세기에 대한 원형자장의 분포는 다음과 같다.

$$H = \frac{I}{2\pi r}$$

여기서 H : 자장의 강도, I : 흘리는 전류, r : 중심으로부터 거리이다.

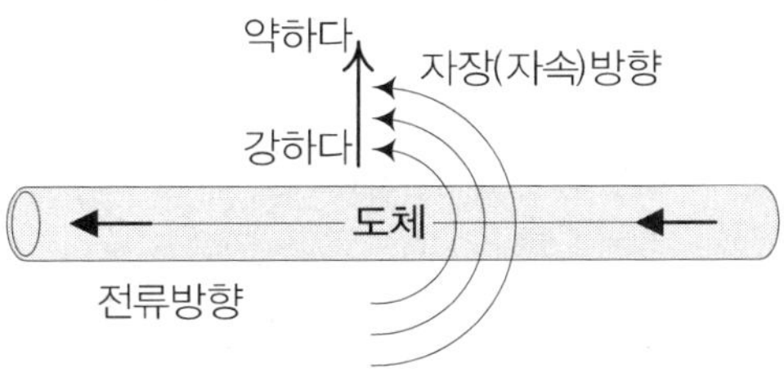

그림 11-10 도체에 형성되는 자장

4. 자기투자율

투자율은 자화되는 정도 또는 물질의 자기특성을 나타내는 말로서 자장을 자속밀도로 나눈 것이다. 자기력선(자속)이 재질을 얼마나 통과하는지를 의미한다. 자성체에 자기력이 투과될 때 투과되는 자기력선의 밀도가 높은지(잘 통과하는가) 아니면 낮은지(잘 통과하지 못하는가)를 나타내는 수치이다. 투자율의 수식은 다음과 같다.

$$투자율(\mu,\ 뮤) = \frac{자속밀도수(B)}{자장의\ 강도(H)}$$

모든 물질은 고유의 투자율과 유전율과 도전율을 가지고 있다. 이 세 가지의 특성이 같으면 같은 물질이고 하나라도 다르면 다른 물질로 본다.

- **유전율**(ϵ) : 부도체의 전기적인 성질로 두 전하사이에 존재하는 물리적인 힘, $\frac{F}{m}$, 유전체
- **도전율**(σ) : 도체에 전류를 흘리는 정도, $\frac{A}{V}$, 도체
- **투자율**(μ) : 물질의 자기적 성질을 나타내는 정도, $\frac{H}{m}$, 자계

다음은 재질에 대한 투자율 곡선을 나타낸 것이다. 그림 11-11(a)의 경우는 투자성이 좋은 재질일 때 나타나는 곡선이고 그림 (b)는 투자성이 떨어지는 재질일 때 나타나는 곡선이다.

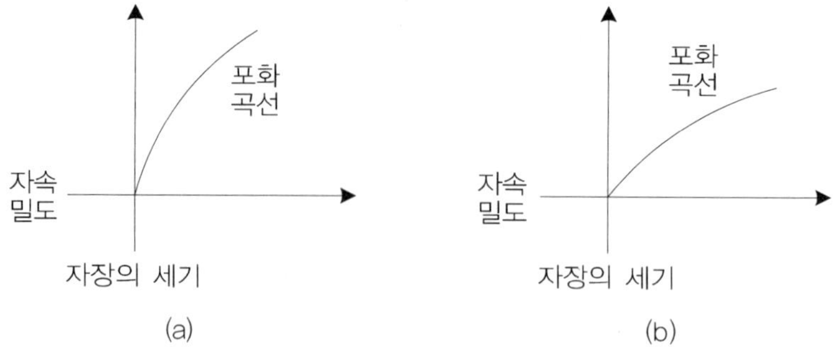

그림 11-11 투자율 곡선

투자율 곡선 그래프는 자장세기가 증가함에 따라 자속밀도가 같이 높아진다. 그러나 자장이 어느 정도 이상이 되면 더 이상 자속밀도가 높아지지 않고 일정하게 유지되는데 이때를 최대투자율이라 한다.

투자율과 유사한 말로 상대(비)투자율(relative permeability)이 있다. 공기중에서 투자율을 μ라 하고, 진공에서 투자율은 μ_0라 한다. 이때 상대투자율은 공기중의 투자율과 진공의 투자율의 비를 말한다.

$$상대투자율(\mu_r) = \frac{일반투자율(\mu)}{진공투자율(\mu_0)}$$

여기서 $\mu_0 = 4\pi \times 10^{-7}$ H/m(헨리) = 1G/oersted(가우스/에리스텟)

비자성체의 상대투자율은 1에 가까운 값을 갖는다. 반면 자성체의 상대투자율은 1보다 큰 값을 가진다. 상대투자율이 1에 가깝다는 것은 자기력선이 잘 뚫고 지나간다(잘 통과한다)는 것을 의미한다. 알루미늄이나 구리 같은 금속이 해당된다. 철은 상대투자율이 수백에서 수만 정도로 높기 때문에 자기력선이 잘 뚫고 지나가지 못해 자기력선을 차단하는 효과가 있다.

재료의 재질에 따른 상대투자율은 표 11-2와 같다.

표 11-2 재질에 따른 상대투자율

재질의 종류		상대투자율
반자성체	금(gold)	0.999964
	은(silver)	0.999980
	구리(동, copper)	0.999991
	물(water)	0.999991
상자성체	진공(vacuum)	1.00000000
	공기(air)	1.00000036
	알루미늄(aluminum)	1.00002100
강자성체	규소철	200,000
	철(iron : 99.8%)	6,000
	강(steel: 탄소 0.9%)	100
	연 강	1100
	니켈(nickel: 99%)	600
	코발트(cobalt:99%)	250

5. 자성재료의 구분

물질은 종류에 따라 자장에 의해 받는 영향이 다르다. 외부에서 자장이 가해질 때 물질의 종류에 따라 자구의 배열이 재배열을 하는 정도가 달라지기 때문이다. 따라서 자구가 외부 자장에 영향을 받아 어느 정도가 배열되고 어떻게 배열하는지, 그 정도에 따라 강자성체(ferromagnetic), 상자성체(paramagnetic), 반자성체(diamagnetic)로 구분된다.

1) 강자성체

강자성체(ferromagnetic material)는 외부에서 가하는 자장에 의해 강한 자장을 가지게 되는 물질이다. 강자성체는 외부 자장에 의해 모든 자구(磁區 : magnetic domain)가 일렬로 배열되어 강한 자성을 가지게 된다. 외부에서 가한 자장을 제거하여도 계속하여 강한 자장을 가지고 있기 때문에 자화가 아주 잘되는 물질이다.

강자성체는 상대투자율이 아주 높은 물질로 철, 강, 니켈, 코발트 등이 있다. 강자성체가 외부 자장에 의해 자화되는 정도를 그래프로 나타낼 수 있는데 이를 자기이력곡선 또는 자기 히스테리시스 곡선이라 한다. 이 곡선에 대해서는 다음 절에서 설명하겠다. 자화된 강자성체는 스스로 자성의 성질을 계속하여 유지하게 된다.

자화된 성질(자성)을 제거하기 위해서는 탈자라는 과정을 통해서 자성을 제거할 수 있다. 그리고 높은 온도로 가열하여도 잔류자기를 제거할 수 있다. 일정 온도 이상의 고온 상태가 되면 자구가 무질서한 상태로 돌아가게 되는데 이때 자장을 잃어버리게 된다. 이 온도를 규리점이라 한다. 규리점은 물질의 종류마다 틀리다. 강의 경우에는 760°이다.

2) 상자성체

상자성체(paramagnetic material)는 외부에서 가하는 자장에 의해 약하게 자화되는 물질이다. 외부 자장을 제거하면 즉시 자장을 잃어버려 자화가 되지 않는다. 자구의 일부만이 재배열하기 때문에 외부 자장이 가해지는 동안에 자장을 가지게 된다. 그리고 외부 자장이 제거되면 자구가 원래의 무질서한 상태로 돌아가 자장을 잃어버리게 된다.

상자성체는 알루미늄(Al), 주석, 백금, 이리듐, 스테인리스, 플로토늄 등이 있다. 상자성체의 상대투자율은 진공상태의 자기투자율보다 약간 높은 1에 근접한다. 이 재질은 자화되는 정도가 약하게 때문에 자분탐상검사가 불가능하다.

3) 반자성체

반자성체(diamagnetic material)는 자구가 외부 자장에 반하여 반대되는 방향으로 배열되기 때문에 외부 자장이 가해지는 동안에도 자장을 가지지 않는다. 외부 자장의 유무에 상관없이 자장을 가지지 않는 물질을 말한다. 투자율(permeability)이 진공보다도 다소 낮은 특성을 가지고 있다. 투자율이 낮다는 것은 자화가 잘되지 않음을 의미한다.

자화가 되지 않으면 자분으로 지시를 할 수가 없기 때문에 자분탐상 검사가 불가능하다. 반자성체의 재질로는 금, 은, 수은(mercury), 구리, 비스무스(bismuth) 및 아연(Zn) 등의 금속과 유리 등이 있으며 산소를 제외한 기체 물 등이 해당된다.

6. 자기이력곡선

자기이력곡선은 어떤 재질이 순방향자장과 역방향자장에 의해 자화되는 정도를 나타낸 것이다. 자기 히스테리시스 곡선이라고도 한다. 강자성체인 시험체에 외부 자장을 가하면 자화가 된다. 이때 외부 자장 강도(세기)에 따른 자화정도를 그래프로 표시한 그래프를 자기이력 곡선 또는 자기히스테리시스 곡선이라 한다. 자기이력 곡선의 특성을 보면 재질의 자화 정도를 알 수 있다.

X축은 외부 자장의 강도를 나타내고 Y축은 시험체를 통과하는 자속밀도를 나타낸다. 역방향은 자장의 방향이 순방향과 반대되는 것을 의미한다.

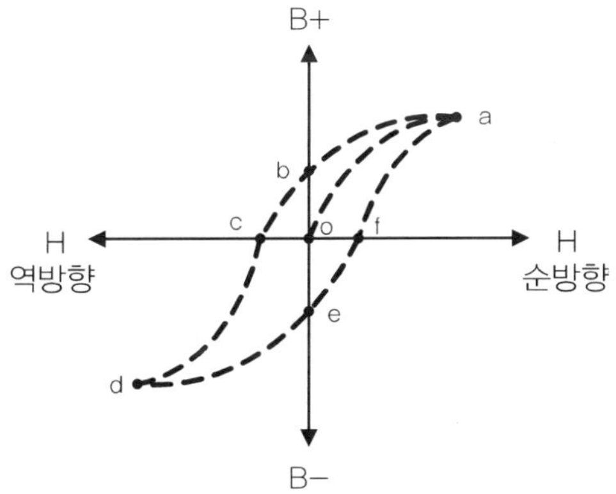

그림 11-12 자기이력곡선

외부 자장에 노출되지 않는 시험체, 즉, 자성이 전혀 없는 시험체는 자장과 자속밀도는 모두 0 이다. 외부 자장에 한번이라도 노출된 시험체는 오랜 시간이 지나도 아주 미약하지만 자장을 계속 가지고 있다.

(1) o–a 곡선

외부 자장을 서서히 증가시키면 시험체의 자속밀도도 빠르게 증가된다. 하지만 외부 자장의 일정 세기 이상이 되면 시험체의 자속밀도는 증가량이 둔화되다가 a점에 도달하면 더 이상 증가하지 않고 일정한 값을 가진다. 이 점을 자기포화점이라 한다. 이때의 곡선은 초기자화곡선이라 한다.

(2) a–b 곡선

자기포화점(a점)에서 외부 자장을 0으로 감소시키면 시험체의 자속밀도도 a점에서 감소하다가 외부 자장이 0이 되면 b점에 도달된다. 외부 자장이 0이라는 것은 외부 자장이 완전히 제거 되었다는 것이다. 시험체는 외부 자장이 제거되었음에도 불구하고 b점에 해당하는 자속밀도를 갖게 되는데 이는 시험체가 자화되어 자장을 가지게 되었기 때문이다. 이를 잔류자기라 한다.

(3) b–c 곡선

시험체가 가지고 있는 잔류자기(b 값의 자속밀도)는 외부 자장을 역방향으로 c점에 도달하면 완전히 제거된다. 시험체가 가지고 있는 전류자기가 0이 될 때까지 가하는 역방향 자장의 세기를 항자력(o-c)이라 한다. 항자력은 시험체를 탈자시키기 위해 필요한 자장의 강도를 의미한다. 역방향의 자장은 순방향 때의 자장을 반대로 돌려 적용하면 된다. 전자석의 경우에는 전류의 극성을 바꾸면 역방향 자장이 형성된다.

(4) c–d 곡선

역방향 자장의 세기인 c점에서 자장의 세기를 계속 증가시키면 시험체의 자속밀도는 반대방향(아래방향)으로 형성되면서 증가된다. 순방향 때와 동일하게 역방향 자장이 증가함에 따라 시험체의 자속밀도도 증가된다. 외부 자장의 세기가 d점이 되면 시험체의 자속밀도가 더 이상 증가되지 않고 일정한 값을 가지게 된다. 이 점(d점)이 역방향 자장의 자기포화점이다.

(5) d–e 곡선

자기포화점인 d점에서 외부 자장을 0 으로 감소시키면 시험체의 자속밀도도 d-e 곡선을 따라 감소된다. 외부 자장이 0이 되면 시험체의 자속밀도는 e점에 도달된다.

외부 자장이 제거되었음에도 불구하고 시험체의 자속밀도가 e점의 값을 가지는 것은 시험체가 역방향으로 자화되었음을 의미한다. 이를 역방향 잔류자기라 한다. d-e 곡선은 순방향 자장에 의해 자화되는 a-b 곡선과 동일한 특성을 가진다. 즉, 순방향에서 나타난 잔류자기와 같은 크기를 가진다.

(6) e–f 곡선

역방향 자장를 가지고 있는 시험체의 잔류자기(e 값의 자속밀도)를 제거(탈자)하기 위해서는 순방향으로 f점에 해당하는 크기의 외부 자장을 걸어주면 된다. 역방향의 자장에 의해 자화된 시험체가 가지고 있는 잔류자기가 0이 될 때까지 증가시킨 자장의 세기는 순방향 때와 마찬가지로 항자력(e-o)이라 한다.

e점의 자속밀도를 가지고 있는 시험체에 순방향으로 자장을 f점까지 증가시키면 시험체의 자속밀도는 e-f 곡선을 따라 감소하다가 f점에서 시험체의 자장(자속밀도)은 완전히 제거된다.

자기이력곡선은 시험체에 가해지는 외부 자장에 의해 시험체가 가지는 자속밀도를 나타내기 때문에 시험체가 외부 자장에 의해 자화되는 특성을 알 수 있다. 자화특성은 시험체의 재질에 따라 다르게 나타난다. 하지만 폐곡선을 이루는 a-b-c-d-e-f의 형태는 반드시 갖는다.

(7) 잔류자기

시험체는 외부 자장에 놓이게 되면 자회된다. 자화된 시험체는 스스로 자장을 가지게 된 것이다. 이를 잔류자기라고 한다. 시험체에 잔류자기가 있다는 의미는 자장을 가지고 있다는 것이다. 잔류자기는 외부 자장에 노출된 시험체가 외부 자장이 제거된 후에 시험체에 존재하는 자장이다.

나사를 돌리는 드라이버를 보자. 드라이버의 끝 부분에 자성을 가지게 되면 나사를 붙여 사용할 수 있어 편하다. 자성이 전혀 없는 드라이버는 강한 자석으로 문지르면 드라이버가 자성을 가지게 됨을 알 수 있다. 이는 외부 자장에 의해 드라이버가 자화된 것이고 잔류자기를 가지고 있다는 것이다.

전류자기의 세기는 물질의 특성에 따라 정도의 차이가 있다. 자화되기 쉬운 물질은 자장을 강하게 가진다. 자화되기 어려운 물질은 정도에 따라 약한 자장을 갖거나 전혀 갖지 못 할 수 있다.

(8) 항자력

외부 자장에 영향을 받은 시험체는 외부 자장이 제거되어도 잔류자기가 남게 된다. 이 잔류자기를 제거하기 위해 가하는 반대되는 자장을 항자력이라 한다. 순방향 잔류자기를 제거할 때 가해지는 역방향 항자력은 c점이고 역방향 잔류자기를 제거할 때 가해지는 순방향의 항자력은 f점이다.

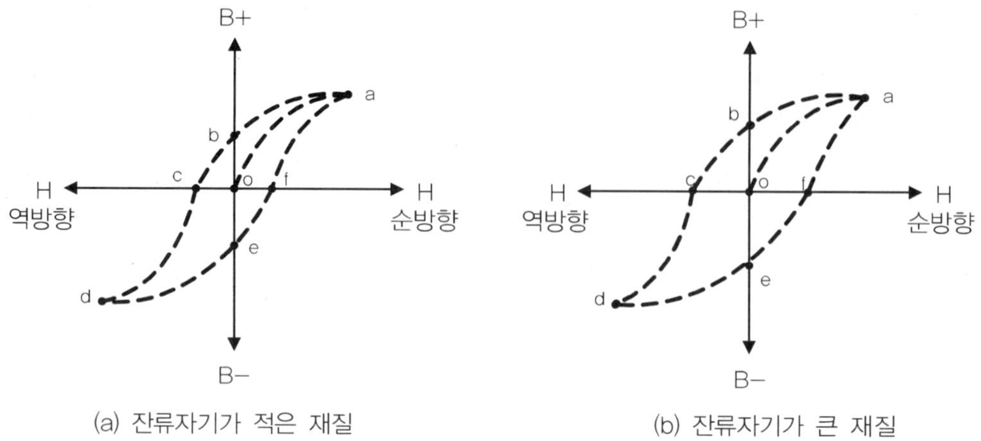

그림 11-13 자기이력곡선의 특성

(9) 물질의 종류에 따라 자화되는 정도가 다르기 때문에 자기이력곡선은 다르게 된다. 자기이력곡선의 폭이 넓은 경우와 좁은 경우에 가지는 특성은 다음과 같다.

① 폭이 넓은 자기이력곡선

- 투자율이 낮다.
- 자기저항이 높다.
- 잔류자기가 크다.

② 폭이 좁은 자기이력곡선

- 투자율이 높다.
- 자기저항이 낮다.
- 잔류자기가 적다.

7. 자화전류

자화전류는 시험체를 직접 자화시키거나 외부 자장을 유도하여 자화시킬 때 사용되는 전류를 말한다. 자분탐상에서 교류를 자화전류로 많이 사용하는데 그 이유는 다음과 같다.

- 교류전류에 의해 나타나는 표피효과로 표면결함의 검출이 우수하다.
- 내부에서는 자속밀도가 낮아 내부 결함의 검사에는 적합하지 않다.
- 자장이 표면에 집중되어 있어 탈자가 용이하다.

(1) 교류 자화전류

교류 전류가 이러한 특성을 보이는 이유는 극성이 연속적으로 변화하기 때문이다. 교류에 의해 형성된 자장은 직류 자장에 비해 시험체를 잘 투과하지 못하고 많이 차단된다. 이는 자속밀도가 시험체 표면에서는 높게 나타나지만 내부에서는 깊게 들어갈수록 낮게 나타남을 의미한다. 이러한 현상을 표피효과(skin effect)라 한다.

자화전류로 교류를 사용하면 표피효과로 인하여 자장이 시험체의 표면에 집중되기 때문에 직류에 비해 강한 자장을 띠게 되고 이는 자분의 움직임이 좋게 만들어 결함의 관찰이 용이하게 된다. 반면 내부에는 약하게 형성되기 때문에 표면에서 깊게 존재하는 결함의 검출은 어렵다.

시험체를 강한 자장을 가지도록 자화시키는 방법은 자분탐상에서 아주 중요한다. 그리고 사용되는 전류의 종류에 따라 형성되는 자장이 다른 특성을 가지고 있다. 이런 특성을 잘 이용하여 시험체 종류와 모양에 따라 적합한 전류를 선택해야 한다.

표 11-3 교류와 직류의 자화특성

종 류	특 징	적 용
교류	침투력 약함 표피효과 입자 이동성 양호	표면 결함검출
직류	침투력 좋음 입자 이동성 부족	표면 및 표면아래 결함검출
반파정류	침투력 좋음 이동성 좋음	표면 및 표면아래 결함검출
전파정류	침투력 좋음 이동성 좋음	표면 및 표면아래 결함검출
펄스파	통전시간이 짧음 침투력 최상	잔류법만 이용

(2) 직류 자화전류

자분탐상에서 직류를 이용할 경우에는 교류를 직류로 변환하여 사용한다. 교류를 직류로 변환하는 것을 정류한다고 한다. 정류하는 장치는 정류기라 한다.

정류파는 전류의 변화가 있는 파를 말하는데 약간의 표피효과를 보이기 때문에 교류파에 비하여 높은 투과력을 보인다. 표피효과는 표면근처에서 누설자장이 강해지는 효과를 말한다. 이는 자분의 이동성을 좋게 하여 자분 지시가 명확하고 높은 가시도(visibility)를 보여준다. 그리고 교류파에 비해 비교적 깊은 결함검출에도 유리한 특성을 가지고 있다.

(3) 정 류

정류방법을 알아보면 다음과 같다.

입력되는 교류파 전체를 정류하는 전파직류(direct current)와 교류 파형에서 절반만을 정류하는 반파직류(half-wave direct current)가 있다. 그리고 위상으로 전류를 구분하는 방법에서 단상 전파직류(single phase full-wave direct current)와 삼상 전파직류(three-phase full-wave direct current)가 있다.

단상 전파직류의 투과력은 삼상 전파직류와 거의 유사하다. 전류변화로 약간의 표피효과가 발생하지만 투과력에 영향을 미치지는 않는다. 탈자를 할 때도 단순하게 전류의 방향을 반대로 하면 쉽게 탈자시킬 수 있다. 회로구성이 간단하여 저렴하다. 하지만 단상 전파직류는 인가전압(input voltage)으로 삼상 전파직류에 비해 1.73배 이상의 전류가 필요하다. 따라서 자화전류가 600Amp 이상이 필요한 경우에는 사용하기 곤란하다.

삼상 전파직류(three phase full-wave direct current)는 3선을 이용하여 전기를 공급하는데 위상이 120°씩 차이가 나도록 만든 교류를 3선을 통해 송전하는 방법이다. 삼상 전압은 380V이다. 단상에 비해 1개의 선을 추가하여 총 3선으로 전류를 전송한다. 하지만 전력은 단상(2선)일 때에 비해 3배로 전송이 가능하다. 가정이나 일반적으로 공급되는 전기는 220V 단상이다. 2선을 이용하여 전기(전력)을 공급한다.

전력은 전압과 전류를 곱한 것으로 전기가 갖는 에너지를 의미한다. 단상보다 더 많은 에너지를 공급하기 때문에 대전력이 필요한 곳에는 삼상을 이용한다. 삼상 전파직류는 삼상교류를 정류하여 만든 파이다. 그림 11-14와 같은 형태를 갖는다. 삼상 전파직류는 단상 전파직류의 장점 이외에 전류의 손실이 거의 절반으로 줄어든다.

(a) 삼상 교류파형 (b) 삼상 직류파형

그림 11-14 삼상 파형

(4) 전 류

이제 전류란 무엇이고, 전류의 흐름이란 어떤 것을 말하는지, 전류는 어떻게 흐르게 되는지를 알아보고, 전류의 종류에 따라 전류가 가지고 있는 특성에 대해 살펴보도록 한다. 사용되는 단위에 대해 표 11-4에 정리하였다.

표 11-4 단위표

수 값	약자	접두어	읽 기
1 000 000 000 000 000 000=10^{18}	E	exa	엑사
1 000 000 000 000 000=10^{15}	P	peta	페타
1 000 000 000 000=10^{12}	T	tera	테라
1 000 000 000=10^{9}	G	giga	기가
1 000 000 =10^{6}	M	mega	메가
1 000=10^{3}	k	kilo	킬로
100=10^{2}	h	hecto	헥토
10=10^{1}	da	deka	데카
0.1=10^{-1}	d	deci	데시
0.01=10^{-2}	c	centi	센티
0.001=10^{-3}	m	milli	밀리
0.000 001=10^{-6}	μ	micro	마이크로
0.000 000 001=10^{-9}	n	nano	나노
0.000 000 000 001=10^{-12}	p	pico	피코
0.000 000 000 000 001=10^{-15}	f	femto	펨토
0.000 000 000 000 000 001=10^{-18}	a	atto	아토

전류의 흐름이란 전자의 이동을 의미한다. 여기서 전자란 무엇인가.

전자는 1897년 톰슨이라는 과학자에 의해 발견되었다. 전자가 처음 발견되었을 때는 전자가 어떤 작용하는지를 알지 못했다. 그 후 전자는 음전하(negative charge)의 특성을 가지는 것으로 증명되면서 물질 내부에서 전자가 이동하는 원리를 완벽하게 설명하게 된다. 모든 물질은 분자로 구성되어 있다.

분자는 2개 이상의 원자가 공유결합으로 구성되는 것이 일반적이지만 아르곤, 헬륨 같은 기체는 한 개의 원자로 구성되는 분자도 있다. 이를 일원자분자라고 한다.

원자는 전기적으로 양(플러스)의 특성을 가지는 원자핵과 그 주위를 돌고 있는 여러 개의 전자(electron)들로 이루어져 있다. 원자핵은 양성자(proton)와 중성자(neutron)로 구성되어진다.

전자는 원자핵의 주위를 궤도를 가지고 돌고 있은데 원자핵의 끌어당기는 힘과 회전력에 의해 바깥으로 튀어 나갈려는 힘이 균형을 이루고 있다. 예를 들어 구리의 원자 모델을 그림 11-15에서 살펴보자.

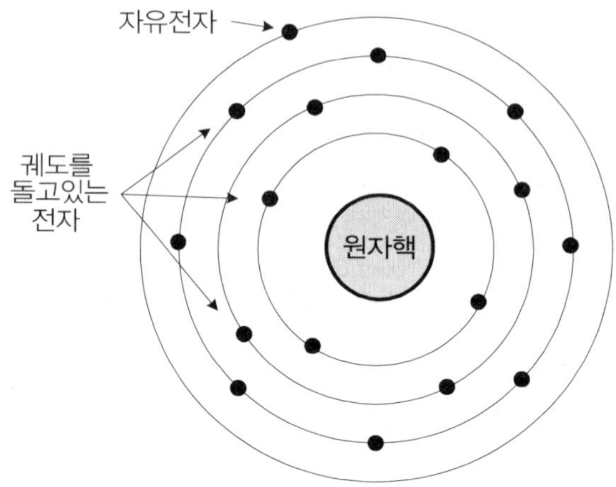

그림 11-15 구리의 원자 모델

구리원자는 29개의 전자를 갖고 있다. 구리원자 모델에 의하면 전자는 핵의 주위를 돌고 있는데 궤도는 4개이다. 궤도마다 돌고 있는 전자수는 핵에서 안쪽 궤도부터 2개, 8개, 18개, 1개이다. 최외각을 제외한 궤도에 있는 전자는 핵에 가깝기 때문에 핵의 강한 흡입력(핵력)을 받아 탈출하지 못하고 궤도상에 붙잡혀 있다. 그러나 최외각 궤도를 돌고 있는 29번째 전자는 핵으로부터 거리가 멀어 핵력이 약하게 작용하기 때문에 외부의 작용에 의해 궤도를 탈출하기 쉽다. 이를 자유전자(free electron)라 한다.

자유전자가 이동을 하는 것이 전자의 흐름이고 전자의 흐름이 대단위로 이루어지는 것이 전류이다. 전기는 전류가 흐르고 있는 것을 말한다. 전류가 흘러나와 회로를 거쳐 다시 들어가게 되는 형태로 순환하게 되는데 직류는 전류가 나오는 곳을 양극, 전류가 들어가는 곳을 음극이라 한다. 교류는 양극과 음극의 구분은 없다.

(5) 직 류

직류는 전압이나 전류가 변화하지 않고 항상 일정하게 유지되는 전기를 말한다.

건전지를 보면 불을 켜는 전기회로에서 흐르는 전류의 방향과 전압이 항상 일정하다. 건전지의 (+)극에서 전류가 흘러서 (−)극으로 들어간다. 그리고 흐르는 전류의 세기(크기)도 달라지지 않고 일정하다. 이러한 전압을 직류 또는 DC(Direct Current)라 한다.

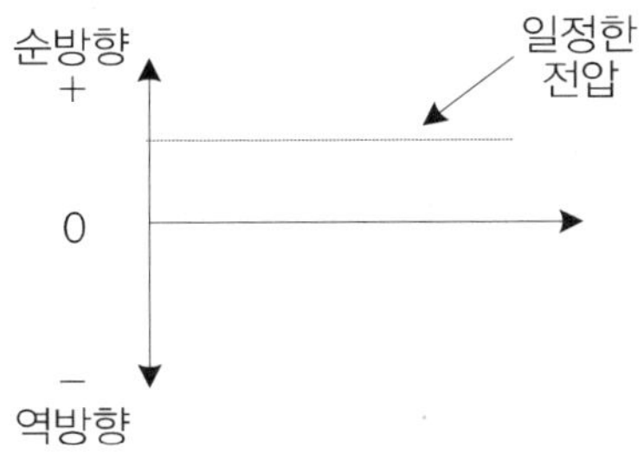

그림 11-16 직류 파형

직류는 건전지의 (+)극(양극)에서 나와 도체를 통해 흐르고 전구를 통한 후에 건전지의 (−)극(음극)으로 들어가게 된다. 이 개념은 전류의 흐름에 대한 해석법이다. 즉, 전류는 (+) 극에서 나와 (−)극으로 들어간다고 본다.

나중에 전자(電子)에 대한 연구를 통해 전자는 (−)극에서 나와 (+)극으로 이동하는 것으로 밝혀졌다. 따라서 전류는 (−)극에서 (+)극으로 흐르는 것으로 수정되어져야 한다. 하지만 일반적으로 널리 알려진 관점을 바꾸는 것이 쉽지 않아 전류는 (+)극에서 (−)극으로 흐르는 것으로 통상의 개념을 그대로 적용하고 있다.

전자의 흐름을 설명하거나 전자소자 동작을 설명할 때는 (−)극에서 (+)극으로 흐르는 것으로 설명한다.

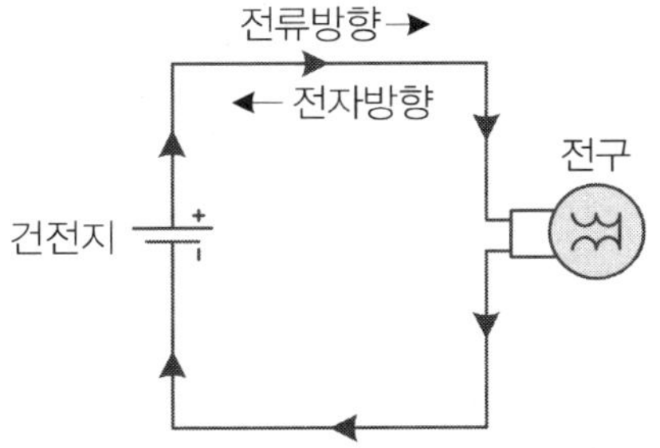

그림 11-17 전기회로의 전류

전자가 (−)극에서 (+)극으로 이동하는 이유를 알아보자.

구리의 원자 모델에서 자유전자는 최외각의 궤도를 돌고 있다고 하였다. 핵에 의한 결속력이 약한 자유전자는 외부의 충격(전압, 고열, 물리적 충격 등)에 의해 외부로 튀어나가지 쉽다. 전자는 음전하이다. 원자는 음전하인 자유전자를 잃어버리면 양전하가 된다.

양전하는 불안정한 상태이기 때문에 전자를 받아들여 안정된 중성의 성질로 돌아가려고 하는 성질을 가지고 있다.

건전지의 양극(+극)은 양전하를 띠고 음극(－극)은 음전하를 띠게 된다. 양극은 부족한 전자를 채우기 위해 전자를 끌어당기게 되고 음극은 전자가 많아 서로 반발하기 때문에 밀어나는 전자는 음극에서 양극으로 이동하게 되는 것이다.

(6) 교 류

교류는 접압(전류)이 기준점(0점)을 중심으로 주기적으로 바뀌는 특성을 가지고 있다. 이런 형태를 교류(AC : Alternating Current)라고 한다. 반면 건전지에서 나오는 직류 전압은 극성이 서로 바뀌지 않고 전압도 변화하지 않고 일정하다.

전기는 일반적으로 발전기를 이용하여 만들어진다. 발전기는 영구자석과 코일로 구성된다. 영구자석을 회전시킴으로 자장의 변화를 일으켜 전기를 만들기 때문에 교류전기가 발생된다.

교류는 변압기를 이용하여 전압을 쉽게 변환할 수 있다. 그리고 배분이 쉽고 송전 중에 감쇠가 적고 직류에 비해 큰 에너지를 전달할 수 있어 많이 사용된다. 가정에서 사용하는 전기는 220V 교류이다.

교류 파형은 전압측정기로 볼 수 없다. 전류나 전압의 주기적인 변화를 보기 위해서는 오실로스코프라는 계측장비를 이용한다. 오실로스코프는 전압이나 전류변화를 화면에 그대로 파형으로 표시하여 준다. 오실로스코프로 파형을 관찰해 보면 직류는 직선으로 표시되지만, 교류는 일정시간(주기)마다 +(플러스)와 －(마이너스) 방향으로 반복되는 파의 형태로 나타난다.

(7) 진 폭

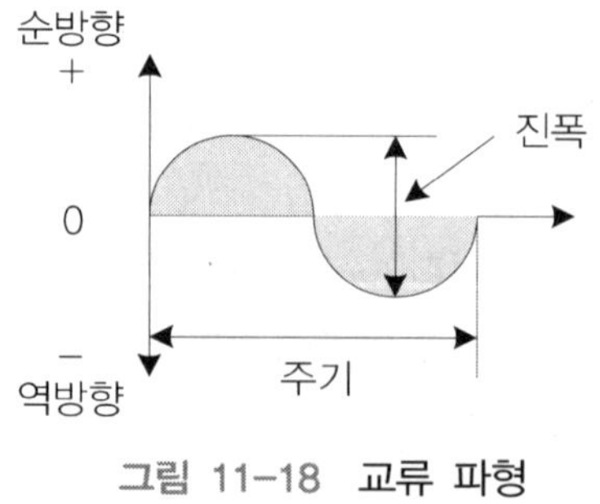

그림 11-18 교류 파형

교류의 파형에서 최고점과 최저점(peak-peak)과 최고점과 0점(peak)의 사이를 둘 다 진폭이라 한다. 교류 전기에서 애기하는 전압은 최고점과 최저점의 진폭의 크기를 말한다.

(8) 주 기

주기적으로 동일한 파형이 반복되는 것을 파 또는 진동이라 한다. 진동은 파형의 형태로 나타난다. 파는 (+)값에서 (−)값으로 갔다가 다시 +값이 되는 현상을 계속적으로 반복하게 된다. 파가 1회 진동하는데 걸리는 시간을 주기(週期)라 한다.

(9) 주파수

주파수는 1초 동안에 파가 진동하는 횟수를 말한다. 단위로는 사이클(cycle) 또는 헤르쯔(Hz)가 있다. 주로 Hz가 많이 사용된다. 우리나라 전기의 교류 주파수는 60Hz이다. 유럽은 50Hz를 사용한다.

- 주기 : 파가 일회 진동할 때 걸리는 시간이다.
- 파장 : 파가 일회 진동할 때 나가는 거리이다.

(10) 최대값

교류 파형의 진폭(p-p)을 최대값이라 한다. 교류파형은 일반적으로 최대값으로 말하는데 유일하게 가정용 전압은 실효값을 말하고 있다. 220V인 가정용 전압은 최대값이 아닌 실효값이다. 최대값으로는 약 310V이다. 전압측정기로 측정하면 220V가 나온다. 전압계로 측정한 값은 실효치의 교류전압이다. 최대값은 오실로스코프로 측정할 수 있다.

(11) 실효값

실효값은 교류가 일을 할 때와 직류가 일을 할 때 같은 에너지가 되는 값을 실효값이라 한다. 실효값과 최대값의 관계식은 실효값에 $\sqrt{2}$ 를 곱하면 최대값이 된다. $\sqrt{2}$ 는 1.414이다.

$$\text{최대 전압} = \text{실효전압} \times \sqrt{2}$$

다양한 형태의 교류 전압파형을 알아보자.

일반적으로 나타내는 교류파는 정현파(사인파)라 한다. 정현파 외에 다름과 같이 다양한 형태의 파형이 있다.

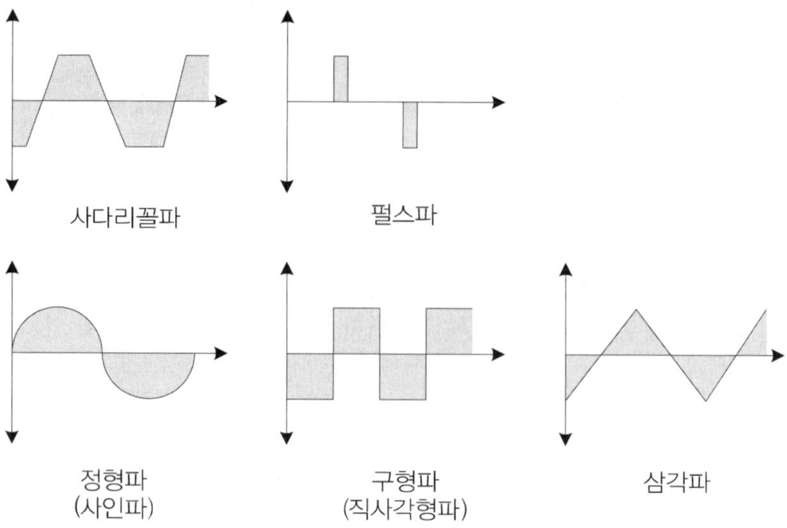

그림 11-19 교류 파형

(12) 삼 상

교류는 다음과 같이 하나의 파형으로 나타나는 단상교류와 세 개의 상을 가지고 있는 삼상교류로 구분된다. 상이란 위상을 말하는데 위상은 파형의 주기를 0°부터 360°로 주기로 표시한 것이다.

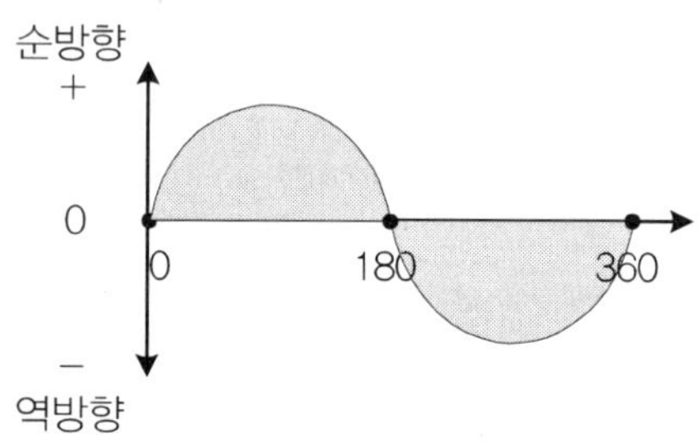

그림 11-20 단상 교류파형

삼상은 120°식 차이가 나는 세 개의 파형을 말한다. 파형은 0°, 120°, 240°에서 시작되는 형태를 갖는다. 단상은 두 개의 선으로 전기를 흐르게 한다. 삼상은 각 파형에 해당하는 전기를 세 개의 선으로 전송하는 방식이다. 단상에 비해 훨씬 큰 대용량의 전력전송이 가능하다.

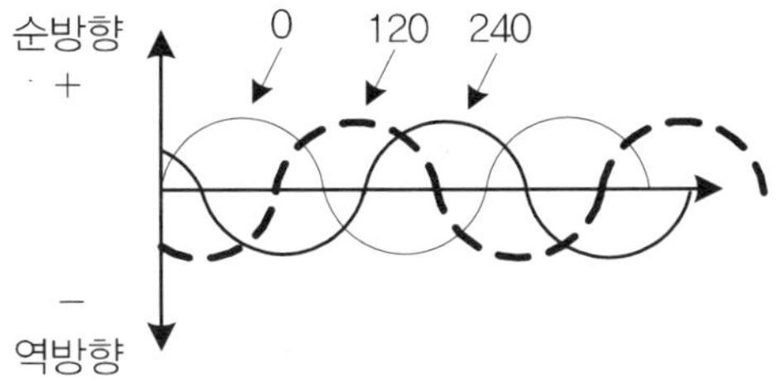

그림 11-21 삼상 교류파형

8. 정 류

정류는 교류를 직류로 변환하는 것을 말한다. 교류전압은 순방향 전압과 역방향 전압을 주기적으로 바뀌는 전기이다. 이러한 교류를 한쪽(순방향) 방향의 전압으로 방향을 변화시킨 파형을 맥류(맥류파)라고 한다. 정류는 먼저 교류를 다이오드를 이용하여 정류하면 맥류로 바꾸는 과정과 이 맥류를 평활하여 과정을 거쳐 직류로 만들게 된다.

여기서 자분탐상에서 직류파라 함은 순수 직류를 말하지 않음에 주의하자. 많은 교재에서 보면 다이오드를 거친 맥류파를 정류파 또는 직류파로 언급하고 있다.

맥류는 직류에 속하기는 하지만 건전지 전압과 같은 순수한 직류와는 성질이 다르다. 맥류와 직류를 그림 11-22에서 보면 역방향의 전압은 없지만 순수직류가 아닌 정류된 전류이다. 시간에 따라 전압이 0V에서부터 높아지고 낮아지는 파형이 반복되는데 이러한 파는 맥류라 한다. 순수 직류는 시간의 흐름에 따라 그 크기에 변함이 없는 일정한 전압(전류)을 보이고 있다. 맥류파는 평활회로를 사용하여 직류로 변환시킨다. 평활회로에 사용되는 전자소자는 콘덴서이다. 그 외 코일을 같이 사용하기도 한다.

교류(AC)를 직류(DC)로 바꾸는 정류회로에는 입력되는 교류신호의 주기의 절반만 사용하는 반파 정류와 주기 모두를 사용하는 전파 정류가 있다. 각각에 대해 살펴본다.

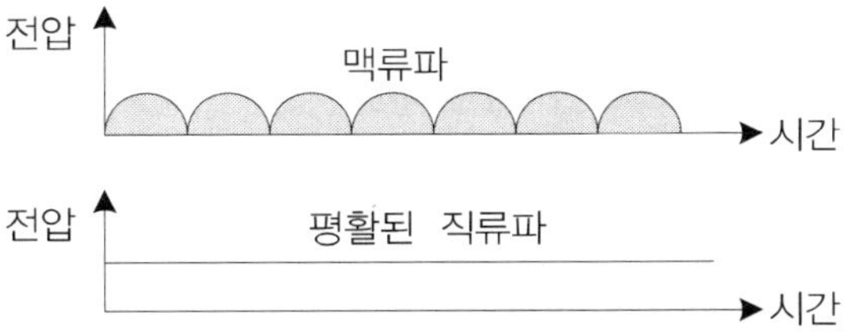

그림 11-22 정류된 맥류와 평활된 직류

1) 반파 정류

교류로부터 직류를 얻어내는 정류회로를 구성할 때 교류의 파형 중에서 절반만 사용하여 정류시켜 직류로 전환하는 경우는 반파 정류라고 한다. 순방향과 역방향의 파형을 가지고 있는 교류파형에서 다이오드를 사용하며 순방향 파형만을 통과시키게 함으로 절반에 해당되는 시간동안만 부하에 전류가 흐르게 되는 정류방법이다.

다이오드는 한 쪽 방향으로만 전류를 흐르게 하는 특성을 가지고 있다. 따라서 정류회로에서 순방향 전압만을 통과시키도록 다이오드 방향을 정하면 역방향 전압은 다이오드에 의해 차단되어 전류가 흐르지 않는다. 역방향 전압 동안은 부하 출력전압이 0V가 된다. 반파정류기는 교류 파형의 절반만 사용하기 때문에 정류효율은 40.6%이다.

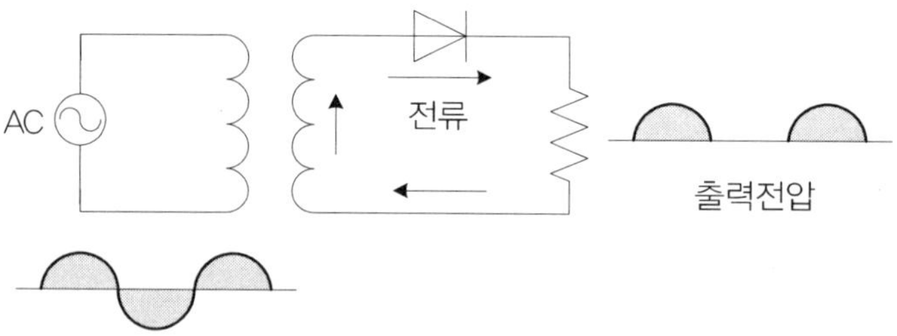

그림 11-23 반파 정류회로

2) 전파 정류

반파 정류회로 2개를 병렬로 연결하면 전파정류 회로가 된다. 다이오드 2개와 중간단자가 있는 전원 변압기가 사용된다. 동작과정은 다이오드의 방향을 하나는 순방향 전압이 흐르도록 설정하고 나머지 하나는 역방향 전압이 흐르도록 설정한다. 이때 중간 단자가 있는 변압기를 사용하기 때문에 순방향 전압이나 역방향 전압이나 부하에 흐르게 되는 전류의 흐름과 같다. 따라서 순방향 전압과 역방향 전압 모두가 출력에 나타나기 때문에 전파 정류라고 한다. 출력파형을 보면 반파 정류회로에 비해 두 배의 전압파형을 나타남을 알 수 있다.

전파 정류는 반파에 비해 부하에 흐르는 전류가 2배가 되고 정류효율은 최대 81.2%가 된다.

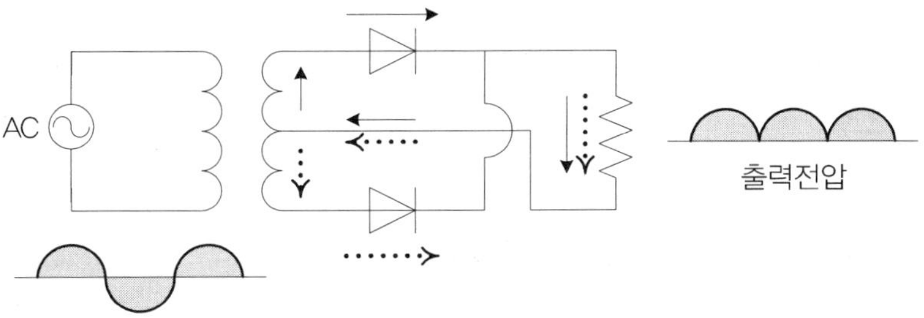

그림 11-24 전파 정류회로

3) 브리지 정류

중간 탭이 있는 트랜스는 만들기가 어렵기 때문에 많이 사용되지 않는다. 일반 트랜스는 두 개의 다이오드로는 정류회로를 만들 수 없다. 따라서 4개의 다이오드를 이용하여 브리지 모양으로 연결하여 전파 정류회로 구성하게 된다. 대부분의 전파 정류에는 실리콘 브리지 다이오드가 많이 이용된다.

동작과정을 그림 11-25에서 살펴보면 교류파형의 순방향 전압 동안은 전류는 D2 → 부하 → D3를 통하여 흐르게 되고, 역방향 전압 동안은 전류가 D4 → 부하 → D3를 통하여 흐른다. 부하에는 입력전압의 방향에 상관없이 항상 동일 방향으로 전류가 흐르게 되어 전파 정류파형을 얻는다.

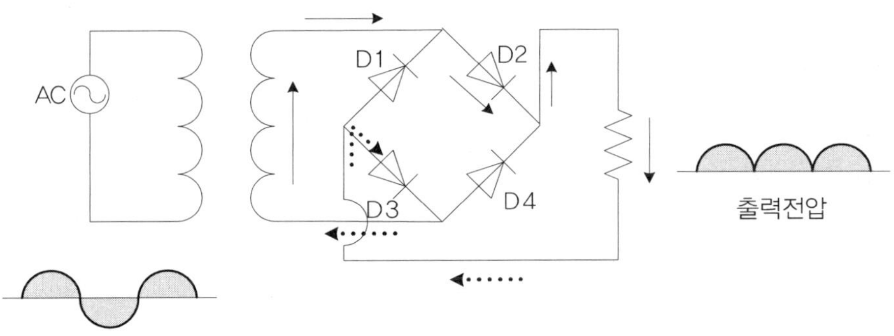

그림 11-25 브리지 정류회로

다이오드에 걸리는 전압은 일반적인 전파 정류회로의 2배가 되기 때문에 입력전압이 높은 고압용으로 적합하다. 그 외 특징은 전파 정류기와 유사하다.

12장

전기 · 전자의 이해

1. 전압 · 전류

전압이란 전기를 보내는 압력을 의미한다. 전기의 흐름은 물의 흐름과 유사하다. 전압은 폭포의 높이에 해당된다. 낮은 곳에서 떨어지는 물보다 높은 곳에서 떨어지는 물의 압력이 더 높다. 물이 가지고 있는 힘이나 터져 나가려고 하는 힘을 전압으로 이해하면 된다.

따라서 전압은 수압의 차이로 보고 압력이 높으면 전압이 높고 압력이 낮으면 전압이 낮다고 한다. 전압의 단위는 볼트(V)이다. 전류는 물의 흐르는 양으로 본다. 물이 많이 흐르면 전류가 높고 물이 적게 흐르면 전류가 낮다고 한다. 따라서 전류는 흐르는 전기의 양을 나타내고 단위는 암페어(A)를 사용한다.

전력이란 무엇일까. 전압은 동일한 물줄기에서 높이가 높은 물줄기가 낮은 물줄기보다 더 높은 압력을 가진다고 하였고 전류는 물의 양에 비유하여 물의 양이 많으면 전류가 높고 적으면 낮다고 하였다.

여기서 물의 양이 같지만 높이가 높으면 힘이 크고, 높이가 같지만 물의 양이 많으면 힘이 크게 된다. 이 힘을 전력이라 하는데 전력은 전압의 변화와 전류의 변화 모두에 의해 변화된다. 따라서 전력은 전압과 전류의 곱으로 나타난다.

전력 = 전압 × 전류

2. 전자소자

1) 전자소자의 종류

회로도는 각종 전자부품들을 전선으로 연결한 회로를 그림으로 그린 것을 말한다. 전자소자를 이해하기 쉽고 그리기 쉬운 기호로 표시하여 그리게 된다. 전자소자를 연결하는 것은 전선이라 한다. 전기를 흐르게 하는 전선은 도체라고도 한다. 전선(도체)은 아주 작은 저항을 가지고 있어 무시 할 수 있지만 전선이 길어지면 저항이 높아져 전류가 잘 흐르지 못하게 된다. 전자소자는 회로소자 또는 전자부품이라 한다.

많은 전자소자 가운데 가장 기본적인 소자에 대해서 알아보자.

기본적인 소자는 다음과 같다.

- 저항, 콘덴서(커패시터), 코일(인덕터), 다이오드

2) 저 항

전기회로에서 저항의 역할은 중요하다. 저항이 갖는 주요 역할은 전기의 흐름을 조절하는 기능이다. 땜이나 보를 만들어 물의 흐름을 조절하듯이 전자회로에서는 저항이란 소자를 이용하여 전류흐름을 조절한다.

전류흐름을 조절하는 역할 외에 전압을 분배하는 역할도 한다.

저항은 회로도의 기호로 —ww— 으로 표시한다. 단위는 ohm(Ω:옴)이 사용된다.

단위환산에 따라 1000Ω(오음)은 1kΩ(킬로옴), 1000kΩ은 1MΩ(메가옴)이다.

저항은 만드는 재료에 따라 탄소계 저항과 금속계 정항이 있다. 탄소계 저항에 비해 금속계 저항이 우수한 특성을 가지고 있다.

가장 보편적으로 사용되는 탄소피막 저항은 가격은 저렴하지만 저항값의 오차는 ±5%로 높은 편에 속한다. 정격전력으로는 1/8W, 1/4W, 1/2W 등이 제작되고 있다.

탄소피막저항은 잡음이 많이 발생되기 때문에 아날로그 회로에서는 거의 사용하지 않는다. 금속계의 저항은 가격은 높은 편이나 잡음발생이 적고 오차가 낮기 때문에 잡음에 민감한 회로에서 사용한다.

저항값을 변화시키는 유무에 따라 고정저항과 가변저항으로 구분된다. 고정저항은 저항값이 고정되어 변화되지 않는 저항을 말한다. 가변저항은 저항값을 변화시킬 수 있는 저항이다. 저항에 값을 변화시킬 수 있는 손잡이가 달려 있다. 모든 저항은 제작 시 저항

값, 정격전력, 오차를 소자에 명시하고 있다.

정격전력은 인가된 전압에서 흘릴 수 있는 최대 전류를 의미한다. 저항을 통해 정상적인 동작을 보장하는 전력을 말한다. 최대전력은 단시간동안 최대로 흘릴 수 있는 전력을 말한다. 최대전력으로 계속 사용하면 내구성이 떨어져 고장이 빨리 발생된다. 최대전력을 초과하여 사용하면 저항에서 고열이 발생되고 타버리는 경우도 흔히 있다.

전력의 단위는 W(와트)이고 전력은 전류의 제곱(I^2)×저항(R)으로 나타낸다.

전자회로에서 많이 사용되는 정격전력은 1/8W, 1/4W, 1/2W 등이 있다. 저항값은 표준화 되어 있는데 우리나라는 KS 규격으로 정해져 있다. 실제로 업계에서는 일본의 JIS 규격도 많이 이용하고 있다.

저항값의 표시는 숫자로 인쇄하기에는 부품이 너무 작아 컬러코드(color code)라고 하는 색깔로 표시한다. 1/2W 이하의 저항은 대부분 컬러코드로 표시한다. 저항의 크기는 정격전력에 따라 그림과 같이 크기가 다르다. 정격전력이 큰 저항은 크기가 크고 정격전력이 적은 저항은 크기도 작다.

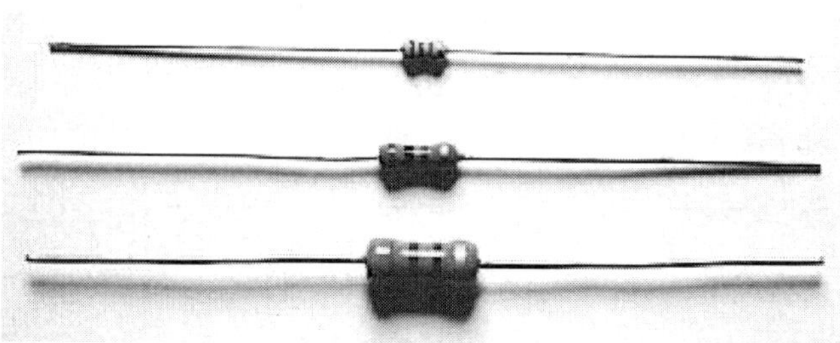

그림 12-1 탄소피막 저항의 크기

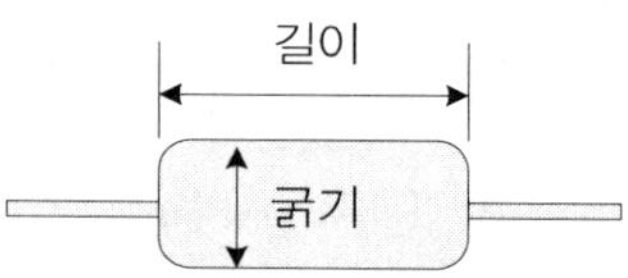

그림 12-2 저항의 크기

표 12-1 탄소피막 저항의 크기와 정격전력

정격전력(W)	굵기(mm)	길이(mm)
1/8	2	3
1/4	2	6
1/2	3	9

일반적인 전자회로에서는 저항을 통해 흐르는 전류가 미약하다. 하지만 전원회로나 발광 다이오드의 전류제어용 등으로 사용되는 저항은 대전류가 흐르기 때문에 정격전력을 반드시 염두에 두어야 한다. 회로에서 적용되는 정격전력에 대해 살펴보자.

12V의 전원전압을 사용하고, 5V에서 동작하는 회로를 동작시키고자 한다. 저항만으로 전압을 분배하여 사용할 때는 저항의 저항값 이외에 정격전력도 계산해 둘 필요가 있다.

여기서 저항에 흐르는 전류가 100mA이고 전압을 12V에서 5V로 낮추기 위해서는 저항에 7V가 걸려야 한다. 계산해 보면 저항값은 7V ÷ 0.1A = 70Ω가 된다. 이 저항이 갖는 소비전력은 70Ω×0.1A×0.1A(또는 7V×0.1A)=0.7W로 된다.

계산상으로 구해진 소비전력보다 여유가 있는 정격전력의 저항을 선택하면 된다. 위의 경우에는 1 ~ 2W가 적당하다. 소비전력의 2배 정도에 해당하는 정격전력의 저항기를 사용하는 편이 무난하다.

3) 콘덴서

전기를 저장하는 회로소자이다. 두 개의 얇은 도체의 판을 가지고 있다. 판 사이에는 공기나 유전체(폴리에틸렌, 운모 등)를 채워 만든다. 콘덴서는 전기를 저장하는 기능 외에 전압의 급격한 변화를 억제하는 기능을 가지고 있기 때문에 평활회로에 많이 사용된다. 이를 응용한 것이 직류는 차단하고 교류 전류는 통과시키는 기능이다. 직류와 교류가 동시에 존재하는 경우에 직류를 차단하고 교류만을 통과시키게 된다.

회로도의 기호는 ─┤├─으로 표시하고 구조는 2장의 전극판을 대향시킨 구조로 되어 있다. 직류전압을 가해지면 각 전극에 전하(電荷)라고 하는 전기가 축적(충전)되며 축적되는 시간동안 전류가 흐른다. 축적이 완료되면 전류는 더 이상 흐르지 않는다.

(1) 콘덴서 용량

저장된 전기의 양은 "정전용량"이라 하고 단위는 F(패럿)로 표시한다. 콘덴서는 보통 용량이 아주 적기 때문에 pF(피코패럿, 10^{-12}) 또는 μF(마이크로 패럿, 10^{-6}) 등이 사용된다. 1F(패럿) 이상이 되는 수 패럿은 용량이 아주 크기 때문에 수퍼 콘덴서라 한다.

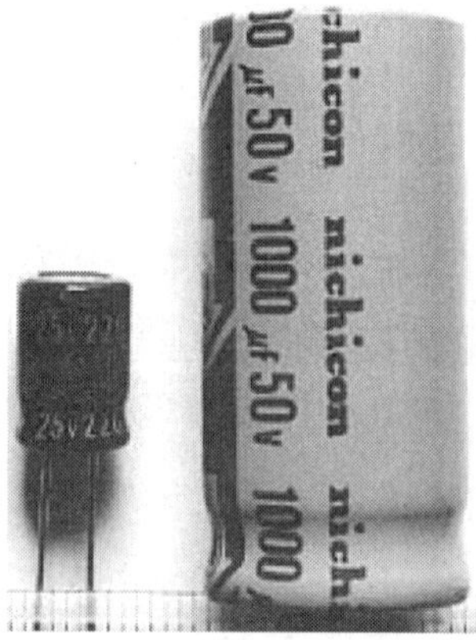

그림 12-3 콘덴스

(2) 콘덴서 내압

콘덴서는 전극간에 허용 가능한 적정 전압을 “정격전압(내전압)”이라 한다. 정격전압 이상의 높은 전압을 가하면 파손된다. 콘덴스는 대부분 수십 마이크로 또는 나노 패럿의 용량을 가진다.

콘덴서 용량을 표시하는 방법은 3자리의 숫자로 표시하거나 용량크기를 그대로 표시한다. 3자리 숫자로 나타내는 경우에는 앞의 2자리 숫자가 용량의 제1숫자와 제2숫자이고, 3자리째가 승수가 된다. 표시의 기본 단위는 pF(피코 패러드)이기 때문에 별도로 표기하는 않는다. 예를 들면

- 103 ➡ 10×10^3 = 10,000pF = 0.01μF이다.
- 304 ➡ 22×10^4 = 300,000pF = 0.3μF이다.

100pF 이하의 콘덴서는 용량을 그대로 표시한다. 따라서 47로 표기되어 있으면 47pF를 의미한다.

- 2D ➡ 정격전압 예 200V
- 302 ➡ 정전용량 예 3000pF
- J ➡ 허용오차 예 ± 5 %

2D
202
J

표 12-2 정격전압표

	A	B	C	D	E	F	V	G	H	J	K
0	1	1.25	1.6	2	2.5	3.15	3.5	4	5	6.3	8
1	10	12.5	16	20	25	31.5	35	40	50	63	80
2	100	125	160	200	250	315	350	400	500	630	800
3	1,000	1,250	1,600	2,000	2,500	3,150	3,500	4,000	5,000	6,300	8,000
4	10kV										

표 12-3 허용오차

문자	B	C	D	F	G	J	K	M	N	V	X	Z	P
허용오차(%)	0.1	0.25	0.5	1	2	5	10	20	30	40	60	80	100

4) 코 일

(1) 코일의 개요

코일(인덕터)은 구리선재(線材)를 나선 감은 형태의 소자 말한다.

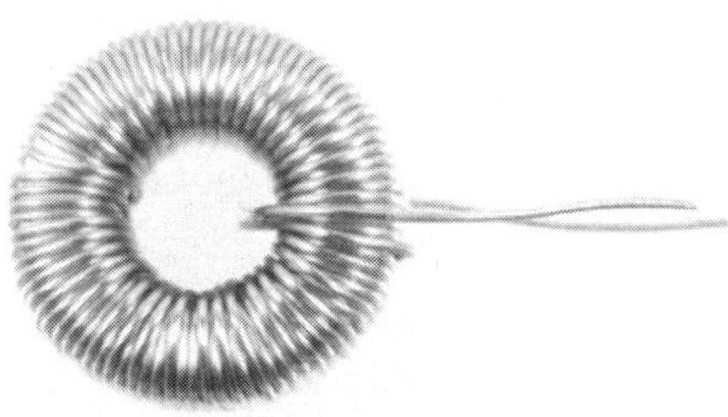

그림 12-4 코일

회로기호는 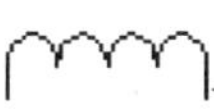으로 표시하고 단위는 헨리(Henry : H)이다. 코일은 구리선으로 만든다. 구리선은 감으면 감을수록 코일의 성질이 강해지기 때문에 헨리의 값이 커진다. 코일은 내부는 아무것도 넣지 않거나 철심이나 코어(철분말을 응고시켜 만듬)에 감아 사용하는데 내부가 비어 있는 경우에 비해 철심이나 코어가 들어 있는 경우가 코일의 용량(헨리)값이 더 커진다. 전기회로에서 사용하는 코일값은 마이크로 헨리(μH)부터 헨리(H)까지 다양하게 사용된다.

코일(coil)은 인덕터(inductor)라 하고 코일이 전기를 축적하는 용량을 익덕턴스

(inductance)한다. 그리고 코일이 가지는 저항은 유도성 리액턴스(inductive reactance)이다. 콘덴서(condenser)는 커패시터(capacitor)라 하고 콘덴서가 전기를 축적하는 용량을 커패시턴스(capacitance)한다. 그리고 콘덴서의 저항은 용량성 리액턴스(capacitive reactance)이다.

인덕턴스는 부품이나 소자를 지칭하는 말이 아니라 코일이 갖는 교류 전기에 대한 저항을 나타낸다. 콘덴서가 갖는 교류전기의 저항은 리액턴스라 한다. 코일과 콘덴서의 저항은 직류가 아닌 교류에 대한 저항을 말한다.

코일에는 교류전류가 흐르면 자장이 발생한다. 직류전류와 달리 교류전류가 흐르면 코일에 발생하는 자속이 전류의 방향에 따라 변화한다. 코일에 교류를 흘리고 그 코일에 전류를 흘리지 않는 코일을 근접시키면 근접한 코일에 전류가 흐르게 된다. 이를 유도전류라 한다. 유도전류는 코일의 상호유도작용(mutual induction)에 의해 근접한 코일에 전류가 발생하는 현상이다. 이 상호유도작용의 정도를 상호 인덕턴스(단위는 헨리 : H)로 표시한다.

상호유도작용에 의해 발생된 전류는 다시 역으로 자신에게 영향을 주는데 이는 자기유도작용이라고 하고 영향을 주는 정도는 자기 인덕턴스(self inductance)로 나타낸다. 이러한 원리는 코일과 시험체간에 상호작용을 이용하여 검사하는 와전류 탐상에서 이용된다.

헨리의 정의를 보면 어떤 코일에 매초 1A의 비율(1A/s)로 전류가 변화할 때, 다른 쪽의 코일에 1V의 기전력을 유도하는 두 코일간의 상호 인덕턴스를 1헨리(H)로 한다고 되어 있다. 전류의 변화율이 1A/s일 때 1V의 기전력을 발생할 때 자기 인덕턴스는 1H로 한다고 되어 있다.

(2) 코일의 성질

선재를 나선 모양으로 감으면 원래의 선재가 지닌 특성과는 전혀 다른 여러 가지 특성이 나온다. 여러 특성 가운데서 몇 가지 주요 특성에 대해 설명한다.

- 전압은 빨리 변하고 전류는 천천히 변화하는 성질이다.
- 코일은 전류가 천천히 흐르도록 하는 완충작용을 하는 성질과 전류가 흐르다가 중지할 때 계속해서 일정한 전류를 흘리려고 하는 성질을 동시에 가지고 있다. 이러한 특성을 "렌츠의 법칙"이라 한다. 렌츠의 법칙에 의하면 상호유도작용에 의해 회로에 발생하는 유도전류는 항상 유도작용을 일으키는 자속의 변화를 방해하는 방향으로 흐른다는 것이다. 전원의 평활회로는 맥류를 직류로 바꾸는 회로로 코일은 이 성질을 이용하기 때문이다.

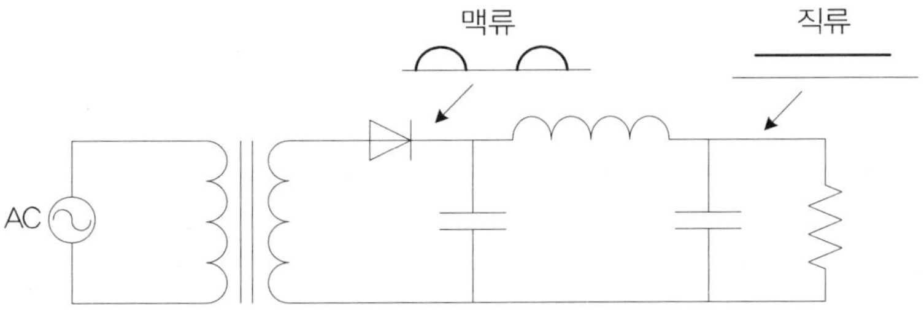

그림 12-5 **정류회로**

교류를 다이오드를 이용하여 정류하면 맥류로 변환된다. 이 파형은 교류성분이 많은 직류로 인식되나 완전한 직류가 아니다. 즉, 역방향의 전류(전압)만 없을 뿐 0V에서 (+) 방향으로 전압이 주기적으로 변화하는 파형이다. 이를 순수한 직류로 바꾸기 위해서는 평활회로를 이용한다. 평활회로는 콘덴서 또는 콘덴서와 코일을 조합하여 형태로 구성된다. 코일은 전류의 변화를 저지하려는 작용을 하고, 콘덴서는 전압의 변화를 저지하려는 작용하여 안정한 전압과 전류를 갖는 직류로 변환된다. 간단한 평활회로에서서는 코일은 사용하지 않고 콘덴서를 통해 직류를 얻는다.

이제 트랜스에 대해 알아보자. 트랜스는 코일이 가지고 있는 유도작용에 의해 유도전류를 발생시키는 소자를 말한다.

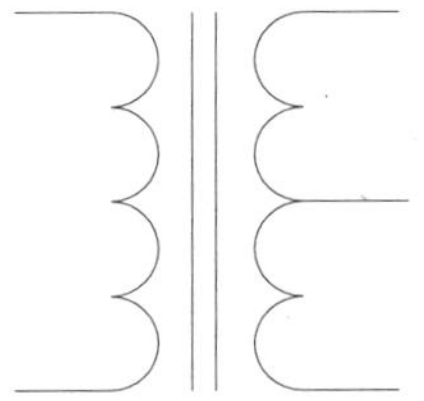

그림 12-6 **트랜스**

근접된 두 코일은 상호 간의 전류를 유도전류로 만들 수 있다. 이는 한쪽 코일에 전류를 흐르게 하면 다른 쪽 코일에도 전류를 흐르게 할 수 있는 성질을 말한다. 이 성질을 이용한 것이 트랜스이다. 전력을 공급하는 쪽의 코일을 1차측, 전력을 전달되는 코일을 2차 측이라 한다. 1차 측 권수와 2차 측 권수의 비율에 따라 2차 측에 유도되는 전압이 결정된다.

(3) 자기 인덕턴스

코일이 하나일 때 발생하는 자속의 변화에 자신이 영향을 받게 되는데 이것을 자기유도작용이라고 하며 그 정도를 자기 인덕턴스(self inductance)라고 한다. 자기 인덕턴스는 전류의 변화율이 1A/s일 때 1V의 기전력을 발생하는 경우의 자기 인덕턴스를 1H로 한다고 정의된다. 그 외 코일은 공진하는 성질, 전자석의 성질을 가지고 있다.

코일과 콘덴서를 조합하면 특정 주파수로 발진하는 발진기를 만들거나 특성 주파수를 차단하거나 통과시키는 필터의 특성을 갖는 회로를 만들 수 있다. 라디오 방송국의 특정 주파수를 선택하는 방식도 위의 원리를 이용한다.

전자석은 쇠못에 구리선을 감아 구리선에 전류를 흘리면 쇠못이 자석이 되는 것으로 구리선에 형성된 자장이 쇠못에 영향을 주어 자장을 갖게 되는 것이다.

5) 다이오드

다이오드는 반도체의 일종이다. 반도체는 도체와 부도체의 중간 성질을 가지고 있다. 도체는 전기가 통하는 물질을 말한다. 부도체는 전기가 흐르지 않는 물질이다. 반도체는 상태에 따라 전기가 흐르는 도체와 전기가 흐르지 않는 부도체의 특성을 동시에 가지고 있다. 다이오드와 TR이라 하는 트랜지스터는 반도체 소자이다.

다이오드는 전압이나 전류가 흐르는 방향에 따라 통과(흐른다)시키나 차단하는 특성을 가진다. 순방향은 통과하지만 역방향은 통과시키지 않는다. 전압이나 전류 둘 다 해당된다.

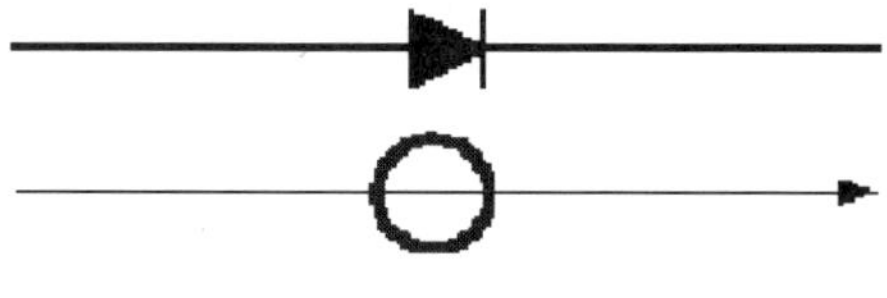

그림 12-7 다이오드 회로기호

반도체는 실리콘(규소)이나 게르마늄과 같은 특수한 물질로 만든다. 이러한 물질에 인(P), 비소(As), 붕소(B), 알루미늄(Al), 인듐(In), 갈륨(Ga) 등의 물질을 첨가하면 반도체가 만들어진다. 첨가되는 물질에 따라 다양한 특성을 가진다. 다이오드는 특성에 따라 전원장치에서 교류전류를 직류전류로 바꾸는 정류용, 라디오의 고주파에서 신호를 꺼내는 검파용, 전류를 ON/OFF하는 스위칭용으로 구분하여 사용된다.

게르마늄 다이오드는 순방향 특성이 좋으나 역내 전압이 낮으므로, 높은 전압의 정류에 부적합하다. 실리콘 다이오드는 순방향 특성이 게르마늄보다 못하나 역방향 전압이 높은 특성을 가지고 있다. 대전류용이나 고압용으로 적합하다.

(1) 다이오드의 구조

순방향인 한쪽 방향으로만 전류를 흐르게 하는 특성을 가지고 있다. 회로기호는

가 사용된다. 기호의 의미는 (애노드)(캐소드)이다. 애노드에서 캐소드쪽으로 전류가 흐른다는 것을 나타낸다.

(a) 다이오드 기호 (b) 다이오드 구조

그림 12-8 다이오드

(2) 다이오드의 종류

다이오드는 용도에 따라 정류 다이오드, 스위칭 다이오드, 제너 다이오드, 터널 다이오드, 가변용량 다이오드, 쇼트키 다이오드, 발광 다이오드, 포토 다이오드 등이 있다.

① **정류 다이오드** : 교류를 직류로 변환할 때 사용한다. 저속 동작용이다.

② **스위칭 다이오드** : 전류를 제어하는 On/Off를 고속으로 동작한다.

③ **제너 다이오드** : 제작시 정해진 전압으로 동작되는 특성을 가지고 있고 정전압용으로 사용된다.

④ **터널 다이오드** : 부전압에서 전압특성이 터널 모양으로 변화하는 특성을 가지고 있다.

⑤ **가변용량 다이오드** : 정전용량이 변화하는 특성을 가지고 있어 라디오에서 주파수 동조에 사용된다.

⑥ **쇼트키 다이오드** : 금속과 반도체의 접촉특성을 응용한다.

⑦ **발광 다이오드(LED)** : 순방향 전압을 가하면 빛이 방출된다.

⑧ **포토(수광) 다이오드** : 빛의 유무에 따라 저항값이 달라지는 특성을 가지고 있어 광센서로 사용한다.

발광 다이오드는 낮은 전압과 미약한 전류에서도 발광하지만 밝지는 않다. 최근에는 전구를 대처하기 위해 밝은 빛을 내는 고발광 다이오드가 개발되어 있다. 일반적으로 다이오드는 표시장치나 디지털 시계에 사용된다. 낮은 전압에서 동작하는 발광 다이오드가 갖는 특성은 다음과 같다.

- 낮은 전압(1~1.5V)에서 구동된다.
- 수명이 길다.
- 온/오프(On/Off) 속도가 빠르다.

13장

자장의 분포와 자화방법

1. 시험체의 형태에 따른 자장분포

시험체에 직접 전류를 흘리거나 외부 자장에 두면 시험체가 자화되어 자장을 가지게 된다. 이때 시험체에 형성되는 자장의 분포는 시험체의 형상과 재질의 종류에 따라 각각 다르게 나타난다.

시험체가 봉형일 때 나타나는 자장의 분포와 실린더형일 때 나타나는 자장의 분포가 다르다. 여기에 시험체 재질이 자성체일 때와 비자성체일 때 나타나는 자장의 분포도 다르다.

비자성체란 외부 자장에 영향을 받지 않아 자화되지 않는 물질을 말한다. 알루미늄, 구리 등이 해당된다. 비투자율이 1에 가까운 값을 가진다. 봉형은 속이 꽉 차있는 봉을 말한다. 파이프는 봉형과 유사하지만 속이 비어 있는 형태를 말한다. 두께가 얇으면 파이프라 하고 두꺼우면 실린더라 한다.

1) 비자성체 봉형

비자성체의 재질인 봉형에 전류를 흐르게 하면 봉의 주위에 자자이 형성되는데 이때 자장은 원형자장이다. 자장분포는 봉의 표면에서 최고 높은 자장이 형성되고 외부로 나갈수록 자장이 약해진다. 이는 도선에 전류를 흘릴 때 나타나는 일반적인 자장분포이다.

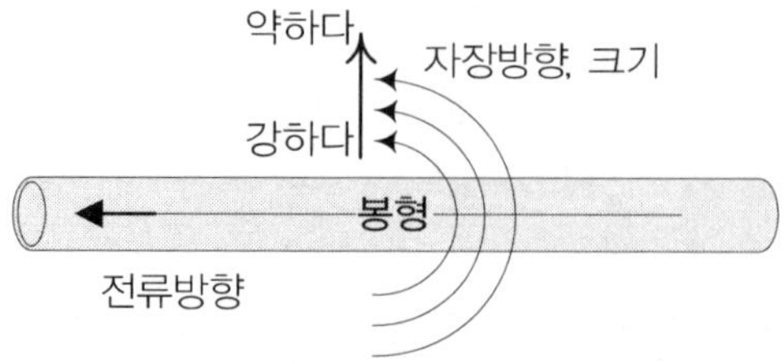

그림 13-1 봉형에 흐르는 전류

봉 중심에서부터 봉 외부까지 형성되는 자장분포는 아래와 같이 나타난다.

봉 중심은 자장이 전혀 형성되지 않는다. 즉, 0의 값을 갖는다.

봉 중심에서 표면쪽으로 나가면 자장이 높아지다가 봉 표면에서 최고 높은 자장이 형성된다. 봉 표면에서 외부로 더 멀어지면 자장은 서서히 낮아지는 분포를 보인다. 봉형의 지름에 2배 되는 거리에서 나타나는 자장은 표면에서 나타난 자장의 절반(1/2)이 된다. 지름에 3배 되는 거리에서는 1/3에 해당하는 자장이 형성됨을 알 수 있다.

비자성체 봉형에서는 흐르는 전류가 직류일 때나 교류일 때나 모두 동일한 자장분포를 갖는다.

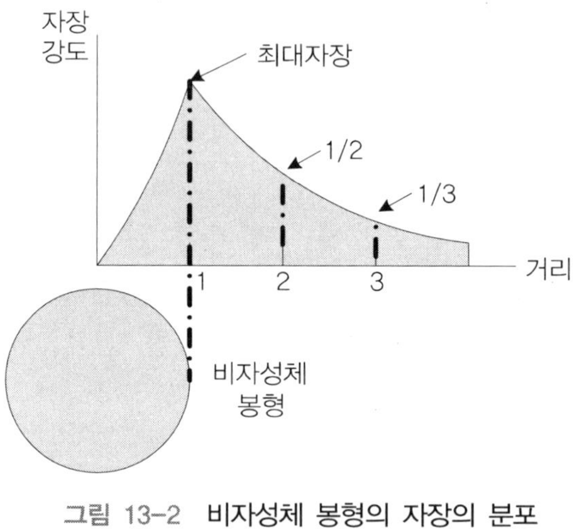

그림 13-2 비자성체 봉형의 자장의 분포

2) 자성체 봉형

자성체 봉형에 전류를 흘릴 때 나타나는 자장분포를 살펴보자. 자성체 봉형은 전류의 종류에 따라 다른 자장분포를 갖는다. 봉형 중심에서는 직류일 때나 교류일 때 모두 자장이 형성되지 않는다. 중심에서 표면까지는 전류의 종류에 따라 자장분포가 다르게 나타난다. 직류일 때는 봉 중심에서부터 표면까지 일정한 기울기로 자장이 계속하여 증가된다. 비자성체 봉형일 때와 유사한 분포이다.

교류일 때는 봉 중심에서 표면근처까지는 자장이 천천히 증가되지만 표면근처부터 표면까지는 급격히 증가를 보인다. 이러한 현상을 표피효과라 한다.

자성체 재질로 만든 봉형에 교류전류를 흘릴 때 나타나는 효과이다. 이 효과로 인하여 표면에서는 강한 자장을 보이나 조금만 깊이 들어가면 자장 크기가 급격히 감소된다. 표피효과는 표면에 존재하는 결함을 쉽게 검출할 수 있게 한다.

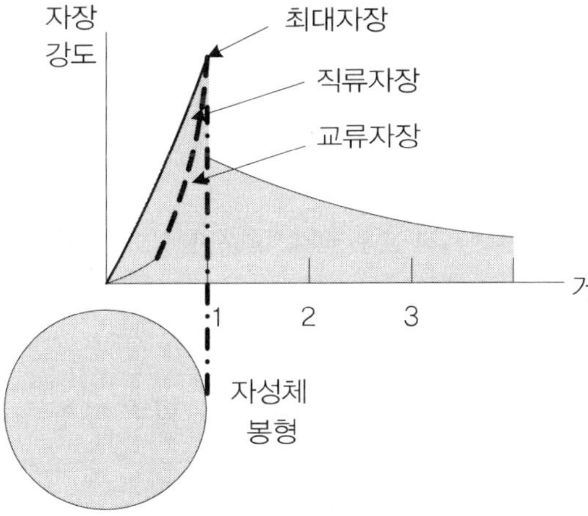

그림 13-3 자성체 봉형의 자장의 분포(직류 및 교류)

3) 비자성체 실린더형

비자성체 실린더형(cylinder type)에 직류를 흘리면 비자성체 봉형에서 나타나는 자장 분포와 또 다른 형태를 보인다. 이는 가운데 공간이 비어 있기 때문이다.

실린더형은 중심이 비어있어 이곳에는 전류가 흐르지 않기 때문에 자장이 형성되지 못한다. 따라서 자장분포는 내부표면에서 0으로 시작된다. 외부표면까지 급격히 증가하다가 외부 표면에서 최고 높은 자장을 갖는다. 그 이후부터 서서히 감소한다. 가운데 공간 부분을 제외하면 자장의 분포는 비자성체 봉형과 비슷하다.

실린더 중심으로부터 직경의 3배 거리의 자장은 최고 자장의 절반(1/2)이 된다. 비자성체 실린더형은 직류와 교류 모두 같은 자장분포를 갖는다.

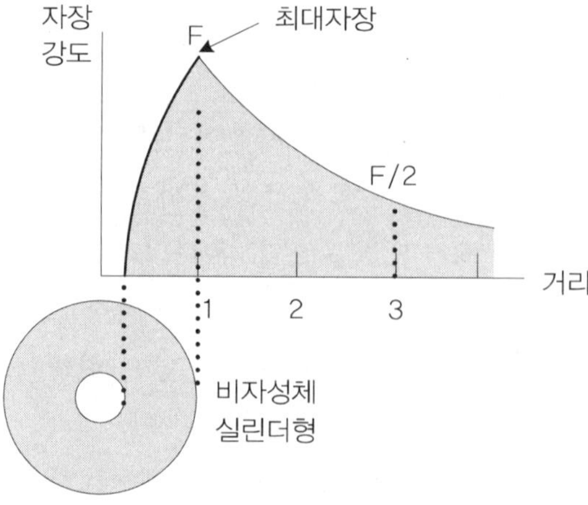

그림 13-4 비자성체 실린더형의 자장의 분포(직류)

4) 자성체 실린더형

자성체 실린더형에서 직류일 때 자장분포와 교류일 때 자장분포가 다르다. 직류에서는 내부 표면에서 자장이 0으로 시작되고 같은 기울기로 증가되다가 외부 표면에서 최고 높은 자장이 된다.

교류에서는 내부 표면에서 자장이 0으로 시작되고 외부 표면 근처까지는 서서히 증가된다. 그러나 외부 표면 근처에서 외부 표면까지는 급격히 증가를 보인다. 교류일 때 나타나는 표피효과이다. 그리고 외부 표면에서 최고 높은 자장이 형성된다.

외부 표면에 나타나는 자장의 강도는 재질의 투자율에 의해 크게 달라진다. 비자성체에 재질일 때에 비해 수 백배 이상으로 높게 나타난다.

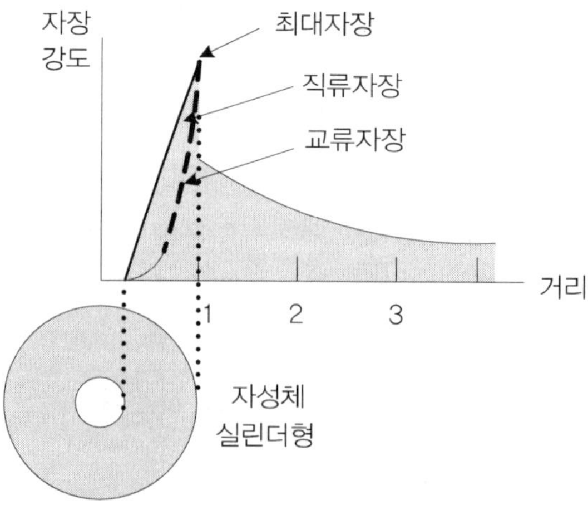

그림 13-5 자성체 실린더형의 자장의 분포(직류 및 교류)

외부 표면 이후에 나타나는 자장의 분포는 비자성체일 때와 유사한 특성을 보인다. 교류와 직류일 때 모두 같은 분포를 보인다.

5) 중앙 전도체를 사용하는 실린더형

중앙 전도체를 사용하는 실린더형은 강자성체 실린더의 중심에 전도체를 삽입하여 검사하는 방법이다. 실린더에 직접 전류를 흘리지 않고 전도체에 전류를 흘려 여기에 형성되는 자장을 이용한다. 실린더형 시험체의 내부 표면에 존재하는 결함을 검출할 때 유용한 방법이다.

자장분포는 다음과 같다.

중앙 전도체에 전류가 흐르기 때문에 중앙 전도체에 분포되는 자장은 봉형과 같게 나타난다. 중앙 전도체에 형성된 자장은 실린더에 다시 유도되어 작용하기 때문에 실린더의 내부 표면에 크게 작용된다. 이러한 현상으로 실린더형 내부 표면 결함검출에 유리하다.

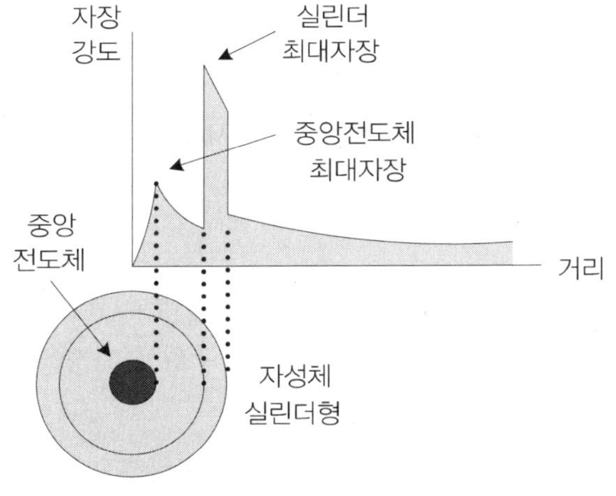

그림 13-6 중앙 전도체를 사용한 자성체 실린더형의 자장의 분포

2. 자화방법

자화방법에는 선형자장을 이용하여 자화시키는 방법은 선형자화법(Longitudinal Magnetization)이라 하고 원형자장을 이용하여 자화시키는 방법은 원형자화법(Circular Magnetization)이라 한다. 자장을 발생시키는 방법에 따른 구분법이다.

1) 선형자화법

코일이나 솔레노이드(solenoid)에 전류를 흘리면 전자석을 만드는 원리로 자장이 발생된다. 이때 코일 내부에 형성되는 자장은 일직선으로 직진하다가 코일 외부에서 원형으로 나가서 다시 돌아 들어오는 형태이다. 이때 코일 내부에 형성되는 자장은 직선형태를 보이기 때문에 선형자장이라 한다. 따라서 코일 내부에 시험체를 넣고 자화시킬 때는 선형자화법이라 한다. 선형자장의 강도는 흐르는 전류의 세기, 코일을 감은 횟수(Turns), 코일 직경에 따라 달라진다.

시험체 크기가 클 때는 시험체를 직접 코일로 감아 자화시키는 방법을 사용한다. 시험체 크기가 작은 경우에는 적당한 직경을 가지는 코일 내부에 시험체를 넣어 자화시킨다.

선형자화법에는 코일법과 극간법(yoke method) 다시 나누어진다.

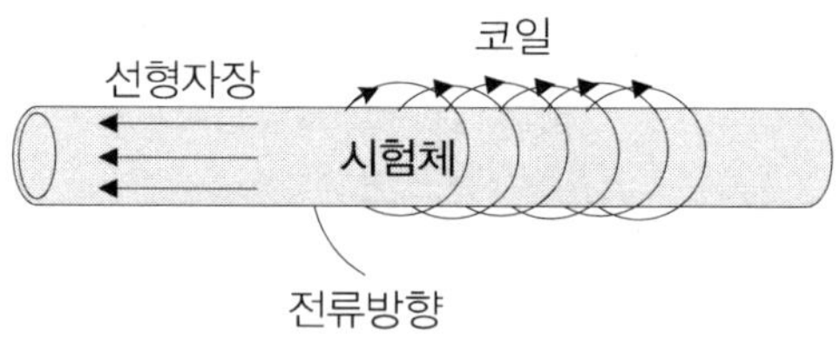

그림 13-7 선형자화법

2) 원형자화법

원형자화법은 시험체에 직접 전류를 흘리거나 중앙 전도체법으로 자화시킬 때 적용되는 방법이다. 환봉이나 도선에 전류가 흐르면 도선 주위에 자장(자력선)이 형성되는데 이때 형성되는 자장이 원형자장이다.

형성되는 자장은 오른손 법칙에 해당된다. 도선을 오른손으로 감싸보자. 이때 엄지방향은 전류방향이고 나머지 손가락 방향은 자장이 형성되는 방향이다. 자장을 형성하는 자력선은 도선 주위에 원형으로 나타나기 때문에 원형자장이라 한다.

원형자장은 자력선이 시험체의 내부에서 완전한 폐회로를 이루기 때문에 자극이 존재하지 않는다. 따라서 시험체에 결함(불연속)이 존재하지 않으면 누설자속이 전혀 없다. 그러나 결함이 있을 때는 자분지시가 명확하게 나타난다.

그림 13-8 **원형자화법**

원형자화법은 자화방법이 매우 쉽고 간단하다. 그리고 낮은 전류에서도 자화가 잘 되기 때문에 많이 사용되는 방법이다. 자장강도는 사용 전류에 비례한다.

원형자화법에는 축통전법(Head shot), 프로드법(Prod), 유도전류법(Central Conductor)이 있고 축통전법은 시험체에 직접 전류를 흘리는 직접 접촉법과 시험체 중심에 도체를 넣어 간접적인 방법으로 자화시키는 중앙 전도체법이 있다.

3. 자화방법별 특성

1) 코일법

시험체에 코일을 감아 자화를 시켜 검사하는 방법이다. 코일은 흐르는 전류에 의해 감은 코일의 내부에 자장이 형성된다. 코일 내부에 형성되는 자장의 방향은 흐르는 전류의 방향에 따라 결정된다.

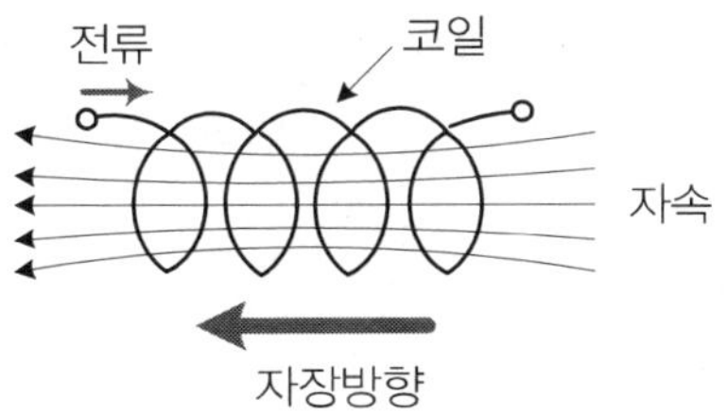

그림 13-9 **코일의 자장**

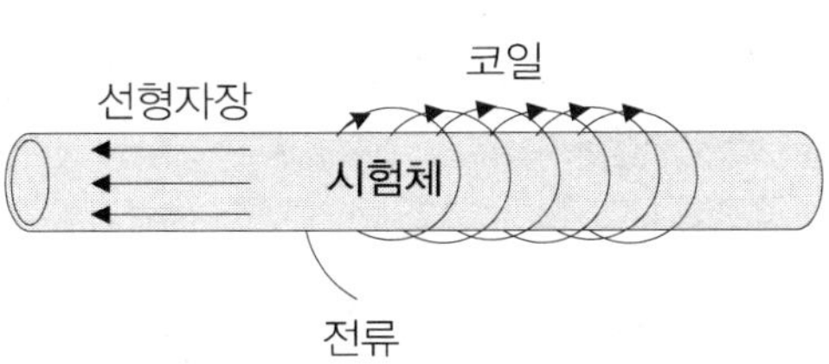

그림 13-10 **코일법**

코일 내부에 형성되는 자장은 선형자장이기 때문에 코일법을 이용한 자화는 선형자화법에 해당된다. 코일 자장(자속)강도는 통전 전류의 세기나 코일의 감은 권선수에 의해 결정된다. 자장강도(자속밀도)는 통전 전류와 코일의 권선수(N)의 곱으로 나타난다.

자장강도 = 전류 × 권선수

코일법은 다음과 같은 특징을 가지고 있다.

- 자화시키는 방법이 쉽다.
- 시험체에 직접 전류를 흘리지 않는다(시험체 손상 가능성이 적다).
- 시험체 형태에 구애받지 않는다.
- 검사시 유효 자장길이가 정해져 있다(시험체 길이와 직경에 의해 결정됨).
- 시험체 끝부분에서 자장의 형성이 약해진다.

2) 극간법

극간법은 자분탐상에서 가장 간편한 검사법이다. 요크법(yoke)이라고도 한다. 장비가 가볍고 소형이고 다루기가 쉽다. 극간법은 말굽자석과 같이 U자형으로 두 개의 양 극을 이용하여 양 극 사이에 자장을 형성시켜 검사를 하는 방법이다. 양 극의 거리는 30cm 이내이기 때문에 한 번에 검사 가능한 면적이 크지 않다.

극간법에서 사용되는 자장은 영구자석을 이용하는 방법과 전자석을 이용하는 방법이 있다. 전자석을 사용할 때는 간혹 아크(Arc)의 발생으로 인해 시험체의 표면에 손상이 생길 수 있다. 영구자석을 이용하는 경우에는 표면에 손상이 발생하지 않는다.

(1) 영구자석 요크의 특징

- 이동성이 좋다.
- 검사가 간편하다.
- 자장의 변경이 쉽다(방향을 바꾸기만 하면 된다).
- 시험체 표면에 손상을 주지 않는다.
- 자장강도를 변화시킬 수 없다.
- 자장강도가 전자석 방법에 비해 약하다(너무 강하면 떼어내기 힘들다).
- 크고 무거운 시험체에는 사용하기 부적합하다.
- 영구자석이라 이물질이 잘 붙는다.

그림 13-11 극간법

전자석을 이용하는 요크 장비는 철편에 코일을 감은 형태로 교류 또는 직류전기를 이용한다. 교류를 사용할 때는 5kg 정도의 무게를 갖는 시험체를 당길 수 있는 자장을 가져야 하고 직류를 사용할 때는 20kg 정도의 시험체를 당길 수 있어야 한다.

요크장비는 전원은 푸시버튼으로 되어 있다. 버튼을 누르고 있는 동안 전자석이 되어 자장이 형성되고 버튼에서 손을 떼면 전기가 끊어져서 자장의 형성이 중지된다.

U형의 다리는 초기 장비는 일자로 고정되어 간격을 조절하거나 굴곡이 있는 시험체에 적용하기 힘들었지만 현재는 3단 접이식을 적용하여 다리를 관절처럼 구부릴 수 있어 다양한 형체에 적절하게 대응할 수 있다.

① 요크 장비 사양(예)

- 입력전원 : AC 220V 60Hz
- 전류 : 2.6A
- 중량 : 2.1kg
- 극간거리 : 180mm
- Lifting Powder : 5.45kg
- 기자력 : 3100AT

(2) 전자석 요크 특징

- 이동성이 좋다.
- 자장변경이 쉽다(방향을 바꾸기만 하면 된다).
- 시험체에 전류를 흘리지 않는다.
- 자장을 강하게 하여도 쉽게 검사할 수 있다(떼어내기 쉽다).
- 자장강도를 조절할 수 있다.
- 시험체 표면을 손상시킬 수 있다.

3) 축통전법

(1) 직접 접촉법

시험체에 직접 전류를 흘려 시험체가 자장을 형성하는 방법이다. 도선(도체)에 전류를 흐르게 하면 도선에 원형자장이 발생하는 원리를 이용한다. 시험체 축방향(길이방향)으로 전류를 흐르게 하기 때문에 축통전법이라 한다.

직접 접촉법(direct-contact method)은 시험체에 전류를 흐르게 하기 위해 전극을 직접 접촉시키는 방법을 말한다. 접촉시 순간적으로 아크가 발생하지 않도록 시험체의 표면에 잘 접촉되는 물질로 전극을 만든다. 주로 연성이 좋은 납과 전도성이 좋은 구리를 사용된다.

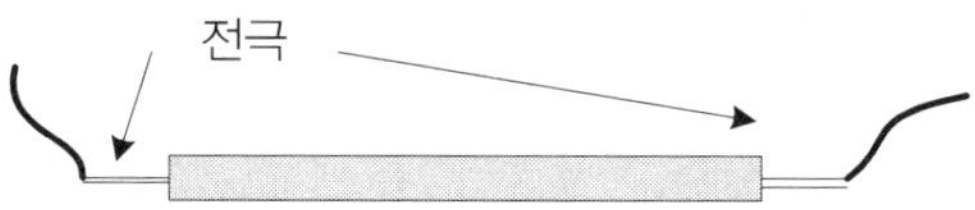

그림 13-12 직접 접촉법

직접 접촉법의 특징은 다음과 같다.

- 시험체 전체를 자화시킨다(시험체에 직접 전류를 흘리기 때문).
- 시험체 자화 시 손실되는 면이 없다.
- 시험체 길이에 상관없다.
- 자화전류가 높아야 한다.
- 시험체에 전류를 흘려도 손상이 없는 물체이어야 한다.
- 시험체와 전극 간에 고전류에 의한 손상이 있을 수 있다.

(2) 중앙 전도체법

중앙 전도체법(central conductor)은 시험체에 직접 전류를 흘릴 수 없는 경우에 사용하는 방법이다. 시험체 내부에 도체를 넣고 여기에 전류를 흘려 형성되는 원형자장을 이용하여 시험체를 자화시켜 검사한다. 시험체 내부와 외부 모두 검사가 가능하다.

시험체 내부 지름의 크기에 따라 검사하는 방법이 다르다. 시험체 내부 지름이 작을 때는 시험체 전체를 한 번에 자화시켜 검사한다.

시험체 내부 지름이 클 때는 내부에 넣는 도체를 시험체 한쪽 면으로 근접시켜 검사하는데 전체를 검사하기 위해서는 시험체를 돌려가면서 검사해야 한다. 이 방법은 도체의 자장이 시험체 전체에 영향을 미치지 못하기 때문이다. 검사범위에 해당하는 자장의 유효거리를 잘 이해하고 있어야 한다.

시험체 전체를 검사할 때 자장이 미치는 유효거리를 잘 고려하여 시험체를 적절히 잘 돌려야 빠른 검사가 가능하다.

그림 13-13 **중앙전도체법**

중앙 전도체법의 특징은 다음과 같다.

- 시험체에 직접 전류를 흘리지 않는다.
- 시험체 내부가 비어 있는 경우에 적용이 가능한 방법이다.
- 시험체 크기에 따라 자화전류가 다르다.
- 지름이 큰 시험체는 한 번에 검사가 불가능하다.

4) 프로드법

극간법과 유사한 방법으로 시험체의 일부 구간을 정해 검사하는 방법이다. 전류를 흘리는 방법은 직접 접촉법과 동일하다. 두 개의 전극(프로드)을 시험체에 직접 접촉시켜 전류를 흐르게 하여 검사하는 방법이다. 발생되는 자장은 원형자장이다.

프로드(prod) 간격에 따라 자화전류가 정해진다. 이동성이 좋고 특정 부분에 한정하여 검사가 가능하고 투과력이 좋아 표면부 검사에 적합하다. 극간법과 유사한 특성을 갖는다. 시험체에 직접 전류를 흘리기 때문에 아크가 발생할 수 있어 시험체 표면이 손상을 입을 수 있다. 프로드 간격은 30cm 정도가 최대이기 때문에 한 번에 검사 가능한 영역이 적다.

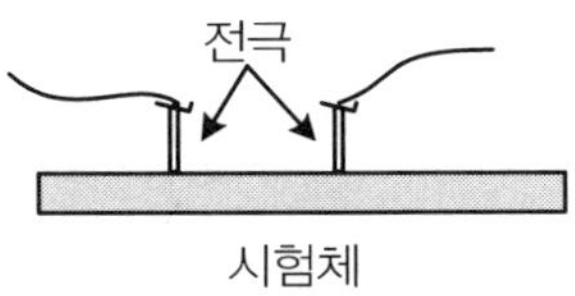

그림 13-14 **프로드법**

5) 유도전류법

유도전류법(induced current)은 중앙전도체법과 유사한 방법이다. 코일에 특성 중에서 상호유도 작용을 이용한다. 링 형태의 시험체에 검사 가능하다. 시험체보다 직경이 큰 링 형의 자화코일 속에 시험체를 넣고 유도자장을 이용하여 자화시킨다.

둥글게 여러 번 감은 코일에 의해 시험체에 유도전류가 발생된다. 유도된 전류는 시험체 주위를 돌면서 자장을 형성하게 되고 이때 형성되는 자장을 이용하여 검사하는 방법이다. 자장유도를 높이기 위해 시험체 가운데 금속막대를 넣기도 한다. 시험체에 형성되는 자장은 원형자장이다. 유도전류법의 특징은 다음과 같다.

- 링 형태의 시험체를 자화시킬 때 사용하는 방법이다.
- 시험체 보다 지름이 더 큰 링 형태의 코일을 사용한다.
- 원형자장으로 자화시킨다.
- 시험체 내부에 도체를 넣어 유도전류를 크게 하여 자장의 강도를 높인다.

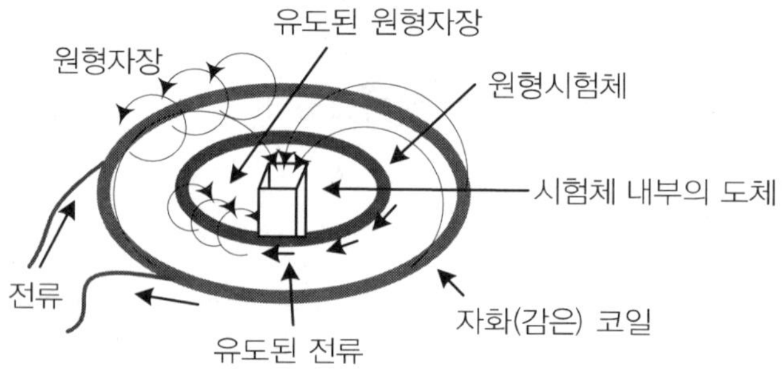

그림 13-15 유도전류법

14장

검사장비

자분탐상을 위한 장비는 가볍고 이동이 간편한 장비인 이동식 장비(프로드, 요크)와 부피가 크고 무거워 이동은 불가능하지만 큰 시험체를 검사할 수 있는 정치식 장비로 구분된다. 사용하는 장비의 선택은 시험체의 크기, 검사부위, 필요한 자화전류, 자장의 강도 등에 따라 정해진다.

1. 이동식 장비

이동식 장비(mobile equipment)란 검사장비를 들고 시험대상체가 있는 곳으로 이동하여 검사할 수 있는 장비이다. 검사대상이 크고 무거울 경우에 사용되는 장비이다. 사용하는 전류는 정치식 장비에 비하여 낮은 전류를 사용한다.

이동 가능한 장비이지만 무거워 바퀴가 달려있어 밀고 다니는 장비와 가벼워 휴대가 가능한 장비로 구분된다. 바퀴가 달려있는 장비는 프로드형이라 하고 휴대가 가능한 장비는 요크형이라 한다. 프로드 장비는 케이블이나 전류조정기, 전류계, 기능 스위치 등이 달려 있으며 사용전원으로 교류나 직류 둘 다 사용이 가능하고 선택할 수 있다. 정치식에 비해 낮은 전류를 사용한다.

요크는 가벼워 휴대가 가능한 장비이다. 5kg 미만의 무게와 작은 크기로 휴대가 가능하여 검사장소에 상관없이 언제든지 검사가 가능하다. U자 형태로 말굽자석과 유사한 모양이다. 일반 가정용 전압(220V)을 사용한다.

철편에 코일을 감아서 만든다. 전자석과 동일한 원리이다. 상단부 손잡이 부위에 누름 스위치가 있어 스위치를 누르는 동안만 통전되어 자장이 형성된다.

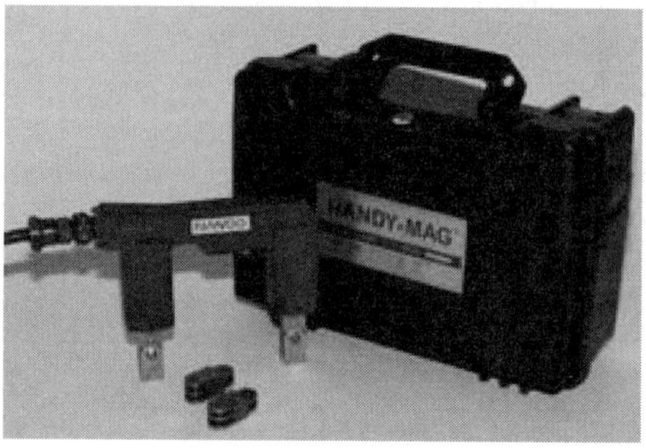

그림 14-1 요크 장비

2. 정치식 장비

정치식(고정식) 장비(stationary equipment)는 장비가 크고 무거워 이동하지 못하고 고정시켜 사용하는 장비이다. 검사를 요하는 시험체의 종류와 크기에 따라 장비의 크기와 구성이 다르다. 직류 또는 교류 둘 다 사용이 가능하고 수천 암페어 이상의 대 전류를 흘릴 수 있다. 자화기능, 탈자기능, 정류기능을 모두 갖추고 있다.

정치식 장비는 습식 검사법과 형광 검사법 모두를 사용할 수 있다. 따라서 자분액을 보관하는 용기, 자분액을 뿌리기 위한 장치, 형광자분 탐상을 위한 자외선 등, 차양막 등을 고루 갖추고 있다.

동일한 시험체를 반복 검사할 때에 검사속도를 높이기 위한 다양한 편의 기능을 갖추고 있는 제품도 있다. 동일한 검사대상이 많을 경우에 효과적으로 사용된다.

3. 검사에 필요한 부속장비

1) 자 분

자분은 강자성체 분말이다. 자분은 적용방법에 따라 건식자분과 습식자분으로 구분하고 관찰하는 방법에 따라 형광과 비형광으로 구분한다. 건식자분은 공기분무를 통해 뿌리는 방식을 사용한다. 습식자분은 자분을 물이나 기름에 섞어서 방향제, 모기약과 같이 스프레이로 뿌리는 방식을 사용한다.

형광성분 유무에 따라 형광자분과 비형광자분으로 구분된다. 비형광자분은 색상으로 표시되고 눈으로 즉시 확인이 가능하다. 형광자분은 형광안료가 착색되어 있다. 블랙라이트라는 자외선등을 사용해야 확인이 가능하다. 자외선등이 없이는 눈으로 확인이 불가능하다.

자분은 투자율은 높고 보자성이 낮은 강자성체로 만들어진 고운 가루이다. 강자성체의 분말은 약한 누설자장에서도 강한 반응을 보이므로 결함부에 잘 달라붙어 결함을 확실하게 표시(지시)해 준다. 자분이 가져야 하는 특성을 살펴보면 다음과 같다.

- 자분은 투자율이 높은 재질이다 : 약한 누설자장에도 잘 달라 붙어 결함을 확실하게 지시한다.
- 자분은 항자력과 보자성이 낮은 재질이다 : 자분을 시험체로부터 쉽게 제거할 수 있어야 한다.
- 자분 입자는 잘고 가볍다 : 이동성이 좋아 약한 누설자장에도 이동이 쉬워야 한다.
- 자분 입자모양은 가늘고 길다 : 길죽한 모양의 자분은 원형일 때 보다 강한 극성을 가지기 때문에 양극(N극과 S극)의 극성이 뚜렷하고 서로 잡아당기는 힘이 크다.
- 자분은 색상이나 명암이 뚜렷하다 : 시험체 표면색과 구분이 쉽게 되어야 한다.

자분의 일반적인 색상은 흑색과 회색 그리고 적색이 있다. 그 외 인위적으로 필요에 따라 착색하여 사용할 수도 있다. 검사에 사용하는 자분의 색상은 시험체의 색상과 대비되는 색상으로 잘 선택해야 한다. 흑색자분은 시험체가 밝은 색상일 때, 회색자분은 시험체가 어두운 색일 때, 적색자분은 시험체가 은색이나 광택이 있을 때 사용된다.

색상이 있는 자분의 대부분 비형광자분이다. 형광자분은 색상에 의미가 없다. 자외선등에 의해 나오는 자외선에 형광이 발광하면서 나오는 빛으로 구분하기 때문이다.

(1) 건식자분

건식자분은 흑색, 회색, 적색으로 착색하거나 형광물질을 섞어 사용된다. 건식자분의 사용은 분무기를 이용하여 시험체에 뿌려 적용한다. 시험체에 결함이 있으면 결함에 의해 발생되는 누설자장에 분말로 된 자분이 이동하여 모이게 되는데 이를 확인하므로 결함 여부를 알 수 있다.

건식자분은 검사하는 시험체의 표면이 수평상태에 있을 때가 가장 이상적이다. 시험면이 천장면이거나 수직 또는 각이 크면 자분의 이동에 제약을 받기 때문에 결함을 잘 지시하지 못한다.

건식자분은 이동성이 좋기 때문에 표면부 결함에 적합하다. 습식자분에 비해 검사 후에 자분의 제거가 쉽다. 그러나 건식이고 분말 형태라 한 곳에 집중하기 어려워 미세 결함검출에는 어려운 점이 있다. 검사면적이 아주 넓은 경우에도 검사가 어렵다. 가루로 공기에 날리기 때문에 사람이 흡입하기 쉽다.

(2) 습식자분

습식자분은 건식자분을 물이나 기름과 섞어서 사용한다. 스프레이 형태로 오래두면 자분이 아래에 가라앉아 사용시 잘 흔들어 액체와 충분히 섞은 후에 사용해야 한다. 비형광인 습식자분에는 흑색, 회색, 적색이 있고 형장자분에는 청녹색, 황녹색이 있다.

그림 14-2 습식자분 스프레이

습식자분은 표면부 미세 결함검출에 적합하다. 검사부위가 좁고 한정적일 때 사용한다. 스프레이 형태라 필요한 부위에 집중하여 적용시킬 수 있기 때문이다. 습식자분은 건식자분에 비하여 검사 후 제거하기가 어렵다. 물이나 기름에 섞어 사용되기 때문에 물에 의한 부식, 기름에 의한 화재의 위험성을 가지고 있다.

습식자분을 사용할 때는 녹방지제와 거품방지제 등을 첨가하여 시험체에 녹이 발생하는 것을 방지하고 자분을 뿌릴 때 발생하는 거품을 방지한다. 낮은 온도에서 사용할 때는 결빙을 막기 위해 알코올의 일종인 에틸렌글리콜(자동차 부동액으로 사용)을 같이 섞어 사용한다. 에틸렌글리콜은 자분의 이동성을 저해하는 특성이 있어 검사환경의 온도에 따라 함유량을 조절하여야 한다.

물을 사용하는 습식자분은 물로 인하여 전기가 통하기 때문에 전기계통 시험체에는 사용하지 않는다.

2) 시험편

(1) 표준시험편

표준시험편은 자분탐상에서 검사장치의 성능과 자분의 특성을 확인할 때 사용하는 규격화된 시험편이다. 표준시험편을 시사편 또는 시편이라고 줄여서 말한다. 한국비파괴 검사규격에서 규정된 자분탐상용 시험편은 A형, B형, C형이 있다. 표준시험편은 장치, 자분, 검사액의 성능을 확인하거나 연속법을 적용할 때 시험품 표면의 유효자장강도 및 방향, 참상유효범위, 시험조작의 적부를 확인하기 위해 사용된다. 반드시 권위있는 기관에서 검정한 것으로 사용되어야 한다.

(2) A형 표준시험편

A형 표준시험편 종류는 A1형과 A2형이 있다.

A1형은 KS C 2504(전자 연철판)의 1종을 열처리하여 규격크기 대로 제작한 것이다.

A2는 열처리하지 않고 냉각 압연하여 제작한 것이다.

연속법으로 검사할 때는 홈이 파인 면과 시험면이 밀착되도록 접착성 테이프로 시험면에 고정하여 사용한다. A1은 자화력이 낮고 A2는 자화력이 높다. 다음 규격에서 나타낸 규격의 종류에서 수치가 낮을수록 높은 유효자장을 형성시켜야 자분이 잘 지시된다.

A1과 A2의 규격은 다음과 같다.

- A1-7/50
- A1-15/50
- A2-7/50
- A2-30/50
- A2-15/100
- A2-60/100

(3) B형 대비시험편

B형 대비시험편은 KS C 2503(전자 연철봉)의 재료를 이용하여 제작한다. 자분탐상장치, 자분액의 성능을 검사하는데 사용된다.

(4) C형 표준시험편

C형 표준시험편은 A형 표준시험편 사용이 어려운 곳에 사용한다. 주로 협소한 용접부위에 많이 사용된다.

(5) 팔각형 시험편

자장의 방향과 자화여부를 확인할 때 사용한다. 팔각형 모양의 동그란 부분의 자장계에 자장이 형성되어 있다. 이 자장계를 시험체에 근접시켜 측정한다. 이 자장계는 팔각절판에 구리도금을 하여 제작된다. 한쪽 면에는 팔각형 모양의 꼭지점을 서로 잇는 인공홈이 파여 있다.

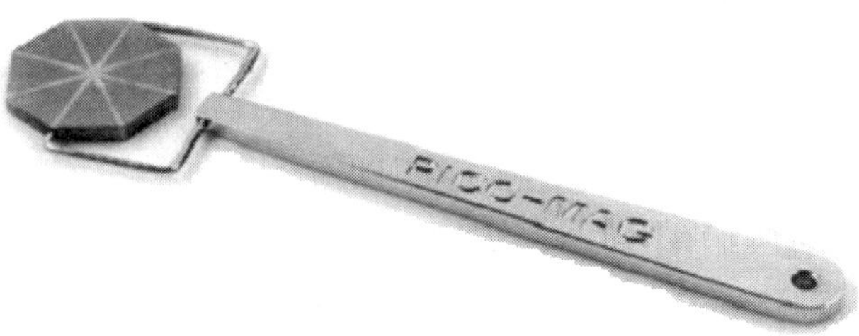

그림 14-3 팔각형 시험편

검사를 원하는 시험체에 구리판면이 위로 오도록 하여 근접시킨 후에 시험면을 자화시키고 자분을 뿌린다. 뿌려진 자분이 인공 홈과 일치하게 지시하면 자분탐상이 제대로 된 것이다. 그러나 자분이 제대로 응집하지 못해 지시가 명확하지 못하거나 인공 홈과 같은 방향(자장의 방향과 수직한)으로 지시하지 못하면 잘못된 자분탐상을 수행한 것이다.

자분탐상에서 사용되는 기타 시험편으로 박판 인공시험편, 키토스 링 시험편, 요크 성능 확인시험편, 프리즘 시험편 등이 있다.

3) 자외선등

형광자분을 사용한 자분탐상검사에서는 어두운 곳에서 시험체 검사면에 자외선등(black light)을 비추어 결함 지시여부를 관찰해야 한다. 자분탐상 검사에서 사용하는 자외선등의 파장은 3650A을 많이 사용한다. 자외선등은 검사규격에 따라 요구되는 강도가 다르다. 미세 불연속 검사에는 시험면에서 15인치(380mm) 거리에서 조사하였을 때 800~1000μW/cm^{2}의 강도가 유지되어야 한다.

그림 14-4 자외선등

자외선등은 전원을 넣은 후 5분 정도 기다려야(예열이 필요) 점등이 된다. 따라서 사용 중에는 램프를 끄지 말고 계속적으로 사용하는 것이 검사에 편리하고 램프 수명의 연장에도 도움이 된다.

4) 자장계

전압과 전류를 측정할 때는 전압계와 전류계를 사용하는 것처럼 자장의 세기(강도)를 측정하는 자장계가 있다. 자장계는 시험체의 누설자장을 측정하는데 사용된다. 시험체의 누설자장의 세기에 따라 그리고 누설자장의 극성에 따라 바늘이 좌측과 우측으로 움직인다.

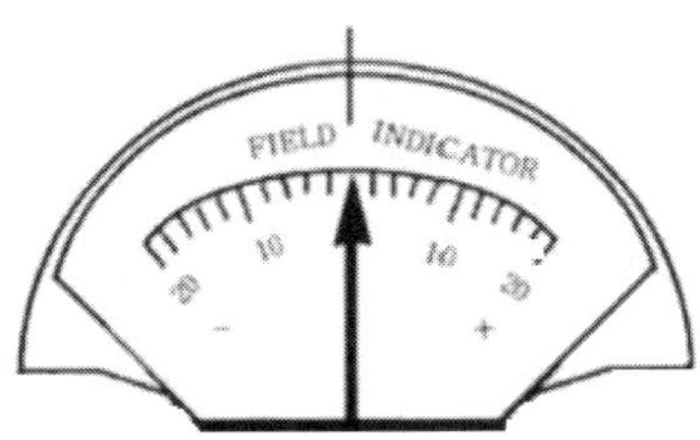

그림 14-5 자장계

15장

자분탐상검사법

1. 자분탐상검사 절차

자분탐상검사는 시험체가 자장을 가지도록 자화시킨 후 결함에 의해 누설되는 누설자장을 자분을 적용하여 검사하는 방법이다.

시험체 표면에 적용된 자분은 누설자장에 의해 이동되어 표시를 하게 되는데 표면이 녹, 기름, 기타 오염물질이나 도장이 되어 있을 때는 적용된 자분이 잘 이동되지 않아 누설자장을 잘 지시하지 못하게 된다. 따라서 표면에서 자분 이동이 원활하도록 표면을 깨끗하게 처리해야 되는데 이 과정을 전처리라 한다.

전처리를 한 이후에 시험체를 자화시키고 자분을 적용하여 표시되는 지시를 잘 관찰하여 결함 여부를 검사한다. 검사가 끝난 후에는 뿌려진 자분을 제거해야 하는데 이를 후처리라 한다. 후처리 방법은 적용된 자분의 종류(습식과 건식, 형광, 비형광)에 따라 적합한 방법을 선택해야 한다.

시험체가 잔류자기를 가지고 있으면 자분이 달라붙어 있어 후처리가 어렵다. 따라서 후처리를 하기 전에 시험체에 잔존하는 자장을 먼저 제거해야 한다. 이를 탈자라 한다.

자분탐상은 이상에 설명한 여러 이유로 정해진 순서에 따라 검사를 수행한다. 매 순서에 사용하는 방법은 제시된 기준에 따라 정확하게 수행해야 한다. 가공재료는 도장이나 도금을 하기 전에 검사되어야 한다. 도장이나 도금은 표면 결함을 덮어버리기 때문에 누설자장이 약해진다. 이는 자분이 결함을 제대로 지시하지 못하는 원인이 된다. 자분탐상에서 검토할 사항은 다음과 같다.

- 시험체 모양, 크기, 수량 등을 확인하고 이에 적합한 검사방법을 선택한다.
- 자화전류(교류, 직류, 삼상직류)의 선택은 결함이 예상되는 위치, 결함의 형태 등을 고려하여 결정한다.
- 검사할 부위에 적합한 자분을 준비한다.
- 넓은 곳을 검사할 때는 건식자분을 준비하고 좁은 곳을 집중으로 검사할 때는 습식자분을 준비한다.

형광자분은 자외선등을 비추면 밝은 빛을 발하기 때문에 결함지시를 구분하기 쉬우나 검사환경이 어두워야 한다. 그리고 검사하는 부분이 구석진 곳이나 나사구멍과 같이 외부 빛이 잘 비치지 않는 곳에는 형광자분을 적용하면 좋다.

비형광 자분은 형광자분에 비해 덜 선명하지만 저렴하고 간편하게 사용할 수 있는 이점이 있다. 자분탐상검사에 적용되는 절차에 대해 자세히 살펴본다.

1) 전처리

전처리는 시험체 표면을 깨끗하게 처리하는 과정이다.

① 전처리에서 수행하는 구체적인 내용을 살펴보면 다음과 같다.
- 시험체 표면을 깨끗하고 매끄럽게 해야 한다.
- 오일이나 이물질을 제거해야 한다.
- 도장(페인트)이나 도금, 녹 등을 제거해야 한다.
- 자분을 적용할 때 자분(자분액)이 들어가지 않아야 하는 곳은 테이프 등으로 잘 막아 보호한다.

② 기름, 오일, 이물질 등을 제거하는 방법

용제를 이용하는 방법과 기계적으로 제거하는 방법이 있다. 용제로는 산이나 알카리 용액이 사용된다. 비누와 같이 계면활성제가 포함된 액을 이용하면 녹이나 기름, 그리스 등의 이물질을 쉽게 제거할 수 있다. 그 외 화학적으로 애칭용액이나 증기를 이용하여 부식 또는 용해시키므로 제거하는 방법도 있다.

③ 기계적인 방법

철솔(wire brush)법, 브라스트(blast)법, 텀블링법 그리고 초음파 세척법이 있다. 철솔법은 철로 된 솔을 문질러 이물질을 제거하는 방법이다.

- **브라스트법** : 미세한 금속입자 또는 모래를 고압으로 불어 분사시키므로 이물질을 제거하는 방법이다. 이 방법은 시험체 표면에 존재하는 미세한 결함을 막아버리는 피닝 효과(peening effect)가 생길 수 있어 주의해야 한다.
- **텀블링법** : 알루미늄 옥사이드를 시험체와 함께 넣고 진동시키므로 이물질을 제거하는 방법이다. 초음파 세척은 초음파 진동을 통하여 이물질을 제거하는 방법이다. 이 두 가지 방법은 시험체가 소형일 때 사용가능하다.

2) 자 화

자화는 시험체가 자장이 가지도록 하는 것이다. 시험체가 자장을 가지도록 하기 위해서는 시험체에 직접 전류를 흘리는 방법과 외부에 자장을 발생시켜 적용하는 방법이다.

외부 자장의 적용방법은 연속법과 잔류법으로 구분한다. 연속법은 외부 자장을 계속 적용하면서 검사하는 방법이고 잔류법은 외부 자장을 적용한 후에 시험체에 남은 잔류자기를 이용하여 검사하는 방법이다.

(1) 외부 차량에 적용방법의 특징

- 연속법은 외부에서 자장을 유지하고 있는 상태이기 때문에 자장의 포화영역에서 검사가 가능하다. 따라서 누설자장이 강하여 결함의 지시가 명확하게 나타난다. 가장 일반적인 방법이고 가장 쉬운 검사방법이다.
- 잔류법은 외부 자장을 제거한 후에 시험체가 가지는 잔류자장을 이용하여 검사하는 방법이다. 시험체의 잔류자장은 약하기 때문에 연속법에 비해 자분지시가 명확하지 않아 주의깊게 관찰해야 한다. 잔류자장은 국부적이지 않고 시험체 전체에 나타나기 때문에 시험체의 여러 곳을 동시에 검사할 수 있다. 보자성이 큰 시험체 재질일 때 적용해야 한다.

시험체를 자화시킬 때 사용되는 자화방법은 시험체 모양과 크기 그리고 검사하고자 하는 위치 등을 종합적으로 판단하여 선택한다. 시험체를 자화시킬 때 주의점은 자장방향에 직각으로 존재하는 결함은 검출할 수 있으나 평행되는 결함은 검출이 안된다. 따라서 자장방향을 수평과 수직으로 두 번 검사한다.

(2) 자화방법의 종류

시험체에 직접 전류를 흘리는 방법은 축통전법, 직각통전법, 프로드법이다. 중앙전도체법, 코일법, 극간범(요크), 유도전류법(자속관통법)은 시험체에 직접 전류를 흘리지 않고 자장을 유도하여 자화시키는 방법이다. 시험체가 전기적으로 위험한 장치일 때는 시험체에 직접 통전해서는 안된다.

① 축통전법

시험체에 축 방향으로 전류를 흐르게 하는 방법이다. 전류가 흐르는 방향과 직각되게 원형자장이 형성되기 때문에 시험체 축 방향으로 발생한 결함을 검출할 수 있다.

② 직각통전법

시험체에 횡 방향으로 전류를 흐르게 하는 방법이다. 전류가 흐르는 방향과 자장은 수직되게 형성되기 때문에 자장과 수직되는 방향인 횡방향의 결함을 검출할 수 있다.

③ 프로드법

검사를 원하는 시험체 표면에 일정한 거리를 두고 전극을 대어 전류를 흐르게 하여 검사하는 방법이다. 두 전극 사이에 원형자장이 형성되기 때문에 형성된 자장과 수직되는 결함을 검출할 수 있다. 프로드법에서 전극간격은 5cm~20cm 정도를 유지해야 한다. 두 전극이 너무 가까우면 두 자극이 상호간에 간섭을 일으켜 자장이 잘 형성되지 않고 너무 멀면 형성되는 자장이 약해 검사가 어렵다.

④ 중앙전도체법

시험체 내부를 넣은 도체에 전류를 흘리고 여기에 발생되는 원형자장을 이용하여 시험체가 자화되도록 하는 방법이다. 시험체 내부 지름이 너무 커서 도체와 간격이 멀어지면 자장이 약하게 적용되어 검사가 힘들다. 따라서 시험체 내부 크기에 따라 도체의 지름을 적절하게 선택하든지 아니면 검사 부분을 나누어 여러 번 검사하도록 한다.

⑤ 코일법

코일을 시험체에 감아서 시험체를 자화시키는 방법이다. 코일에 발생되는 자장은 선형자장이기 때문에 선형자화법에 해당된다. 코일 지름이 시험체 크기보다 너무 크면 코일 자장이 잘 미치지 못한다. 코일 지름과 시험체 크기가 적당하게 맞아야 한다.

⑥ 극간법(요크)

프로드법과 유사한 검사법이다. 극간법을 사용하는 요크 장비는 말굽자석과 같은 형태를 가지고 있다. 장비가 가볍고 소형이며 가정용 전원을 이용하기 때문에 편하고 쉽게 사용할 수 있어 현장에서 많이 사용되는 장비이다.

⑦ 유도전류법(자속관통법)

원형으로 감은 코일에 형성되는 자장으로 인하여 원형 시험체에 전류가 유도되면서 발생되는 자장을 이용하여 검사하는 방법이다. 원형 시험체 외부에 존재하는 결함검출에 사용된다.

3) 자분적용

자분적용이란 시험체에 자분을 뿌리는 것을 말한다. 자분을 적용할 때는 검사를 원하는 부위에 한정되게 적용해야 하고 표면에 균일하게 적용시키야 한다. 자분에는 건식과 습식이 있고 형광 자분과 비형광자분이 있는데 시험체 종류와 모양 위치 등을 고려하여 적합한 자분을 선택한다.

건식자분은 제거가 힘들기 때문에 자분이 들어가서 안 되는 곳은 잘 밀폐시킨다. 연속법에서 자분을 적용할 때는 외부 자장이 잘 유지되는 상태에서 수행되어야 한다. 외부자장이 약해지거나 중지되면 시험체에 형성되는 자장의 강도가 달라져 결함을 지시하는 자분의 형태가 틀리게 나타날 수 있기 때문이다.

잔류법에서는 시험체를 자화시킨 후 즉시 검사를 시행하도록 하여야 한다. 시간이 지나갈수록 잔류자기가 점차 약해지지 때문이다.

4) 결함여부 관찰

자분이 지시하는 상태를 잘 관찰하고 정확하게 기록하여야 한다. 자분이 지시하는 형태와 모양에 따라 결함 유무를 결정하기 때문이다.

① 결함을 지시하는 자분을 관찰할 때 고려할 사항은 다음과 같다.

- 시험체를 주의깊게 관찰하여야 한다.
- 관찰에 필요한 조명이 확보되어야 한다.

② 자분지시를 관찰할 때 주의사항은 다음과 같다.

- 형광자분은 자외선등을 사용하여 자외선 빛에 반사되는 빛을 관찰하기 때문에 관찰이 용이하도록 주위를 충분히 어둡게 해야 한다.
- 시험체 면과 수직으로 관찰한다. 반사로 인하여 관찰이 힘들지 않도록 적외선등이 비추는 각도를 잘 조절해야 한다.
- 비형광자분은 자분모양을 잘 관찰할 수 있도록 조명(1000lux)이 충분해야 한다.
- 자분 지시는 시간이 지나면 달라질 수 있어 자분을 적용한 즉시 관찰하여야 한다.
- 검사할 표면에 이물질로 인하여 자분 형태 관찰에 지장을 주지 않아야 한다.

5) 탈 자

자화된 시험체는 강자성체이고 보자성이 크기 때문에 잔류자기가 계속적으로 유지된다. 이러한 잔류자기를 제거하는 것을 탈자라 한다. 자분지시를 관찰하고 기록한 후에 후처리 이전에 탈자를 한다.

① 탈자를 하는 이유는 다음과 같다.

- 시험체에 잔류자기가 있으면 적용된 자분을 청소(후처리)하기 어렵다.
- 잔류자기는 다음 단계의 가공 처리과정에 영향을 줄 수도 있다.
- 잔류자기는 계측장치에 영향을 줄 수도 있다.
- 잔류자기는 가공중에 발생하는 철가루를 끌어당겨 이물질을 만들고 이로 인해 마모의 가능성이 있다.
- 다른 검사과정에서 잔류자기가 영향을 미칠 수 있다.

탈자원리는 시험체의 재질에 따라 나타나는 자기이력특성을 이해하면 알기 쉽다.

가장 쉬운 탈자법은 자화 시 사용한 극성과 반대 방향으로 자장을 걸어 잔류자기를 제거하는 것이다. 반대 방향으로 자장을 걸때는 자장강도를 잘 조절하여야 한다.

두 번째는 강자성체에 높은 열을 가하여 잔류자기를 제거하는 방법이다.

자화된 강자성체에 고열을 가하면 자장을 잃어버린다. 철의 경우 750° 이상의 열을 가하면 잔류자기가 완전히 제거된다. 이 온도를 규리점(변태점)이라 한다. 강자성체 재질에 따라 나타나는 규리점은 다르다.

자화된 강자성체에 존재하는 잔류자기는 역방향 자장에 노출시켜 잔류자기를 제거하는 방법은 일반적이고 쉬운 방법이다. 하지만 이 방법으로 시험체에 존재하는 잔류자기를 완전히 제거하기는 어렵다. 그 이유는 강자성체에 나타나는 자기이력곡선을 살펴보면 이해된다.

시험체에 존재하는 잔류자기가 재질의 종류에 따라 다르게 나타나고 자화방법, 자화된 자장강도, 자화 후 진행시간에 따라 잔류자기가 다 다르기 때문이다. 시험체에 남은 잔류자기를 정확하게 측정하고 이에 맞는 역방향 자장을 가하면 되지만 둘 다 쉽지 않다. 탈자 시 시험체에 남아 있는 잔류자기의 방향도 정확하게 알고 있어야 한다.

② 탈자 시 고려해야 하는 사항은 다음과 같다.

- 탈자를 위해 처음 적용하는 자기세기의 강도는 항자력보다 커야 한다.
- 자화방법을 확인하고 이에 적합한 탈자방법을 적용해야 한다.
  - 선형자화방법은 잔류자기의 방향과 세기를 쉽게 측정할 수 있어 탈자가 쉽다.
  - 원형자화방법은 외부로 자장이 누설되지 않기 때문에 탈자가 불가능하다. 이때는 원형자장을 선형자장으로 바꾼 후에 탈자를 한다.

탈자방법에는 직류를 이용한 탈자, 교류를 이용한 탈자, 요크를 이용한 탈자가 있다. 직류를 이용한 탈자법은 직류의 특성상 자화정도가 우수하기 때문에 다른 방법에 비해 탈자가 쉽다. 이론적으로는 자화시킬 때 사용한 전류방향과 반대 방향으로 전류를 흐르게 하면 역방향 자장이 형성되는데 이 자장을 이용하여 다시 자화키시면 된다. 이때 항자력에 해당되는 자장강도를 형성하도록 전류를 적절히 조절해야 한다. 항자력보다 너무 큰 자장을 가하면 역방향으로 다시 자화되고 항자력보다 적은 자장을 가하면 잔류자기를 완전히 제거하지 못한다.

(1) 직류를 이용한 탈자

현장에서는 자화된 자장세기를 알 수 없고 방향도 알 수 없는 경우가 많다. 그렇다고 계측기를 가지고 일일이 측정하여 탈자하는 방법은 복잡하고 시간도 많이 걸린다. 따라서 방향에 상관없이 탈자 시에 사용되는 직류방향을 1초에 1회 정도 자동적으로 바뀌도록 설정하여 탈자하는 방법을 사용하기도 한다. 전류세기는 강하게 시작하여 서서히 약하게 줄이면서 탈자하면 시험체 잔류자기를 대부분 제거할 수 있다.

(2) 교류를 이용한 탈자

교류를 이용하여 탈자하는 방법이다. 시험체에 남아 있는 잔류자기보다 큰 자장을 발생시켜 시험체에 가하면서 서서히 멀어지게 하므로 잔류자기를 제거한다. 시험체 크기가 작은 경우에 시행할 수 있으며 쉽게 사용할 수 있다. 시험체로부터 멀리할 때 너무 빠르지 않도록 주의한다.

시험체 크기가 큰 경우에는 시험체 전체를 자화시키기 위한 장치가 너무 크고 무겁다. 이때는 코일을 이동시키지 않고 코일에 흐르는 전류를 서서히 줄이도록 하여 탈자시킨다.

교류를 이용한 탈자에서는 교류 주파수에 따라 자장이 침투하는 깊이가 다르기 때문에 탈자를 원하는 시험체에 남아 있는 잔류자기 특성에 맞추어 교류 주파수를 조절하여야 한다. 주파수가 높으면 표면근처에 강하게 자화가 되고 주파수가 낮으면 내부까지 깊게 자화된다.

(3) 요크(극간법)를 이용한 간이 탈자

요크는 휴대 가능한 작은 장치이다. 국부적으로 자화된 부분에 반대방향으로 자화시키므로 탈자한다. 요크 장비의 손잡이를 잡고 좌우로 회전시키면서 서서히 시험체로부터 멀리하면 자화된 방향에 상관없이 탈자시킬 수 있다.

6) 후처리

결함을 관찰한 후에 시험체 표면에 남아 있는 자분을 세척하여 제거하는 과정을 말한다. 자분은 미세한 철가루이기 때문에 다음 공정에 영향을 미치거나 마모를 일으킬 수 있어 반드시 제거해야 한다. 세척 후 녹방지를 위해 방청하는 작업도 포함된다.

적용된 자분 종류에 따라 적절한 방법으로 처리해야 한다.

건식자분 처리방법은 솔을 이용하여 털어내거나 진공청소기를 이용하여 흡입하여 제거한다. 압축공기를 이용하여 불어내기도 한다.

습식자분을 처리하는 방법은 다음과 같다. 습식자분은 건식에 비해 남아있는 자분 잔존물이 적다. 작은 시험체는 용액 속에 담구어 제거한다. 큰 시험체는 용액이나 기름으로 세척하거나 걸레로 닦아낸다. 자분을 제거한 후에는 녹방지를 위해 방청작업을 한다. 남아 있는 잔존물이 있는지 잘 확인하고 청결하게 유지한다.

7) 기 록

자분탐상검사가 완료된 이후에 다음의 제시된 사항을 잘 기록하고 잘 보존하여야 한다.

- 검사대상의 종류와 특성
- 검사조건 : 검사장비, 검사위치, 적용한 자분종류 등
- 기타 사항

8) 한국공업(산업)규격에서 정하고 있는 검사결과 보고서

① 검사 시험체 종류 : 품명, 치수, 재질, 표면 상태와 열처리 여부 등을 기재한다.
② 시험장치 : 장치 명칭, 형식, 제조자명을 기재한다.
③ 적용한 자분종류 : 제조자명, 형번호, 입도, 자분색깔, 형광 또는 비형광 여부 등을 기재한다.
④ 자분성분 : 자분의 분산매 및 검사액 중의 자분 분산농도를 기재한다.
⑤ 자분 적용시기 : 언제 어떻게 적용하였는지를 기재한다.
⑥ 자화방법 : 자화시킬 때 적용한 자화방법과 연속법과 잔류법 등을 기재한다.
⑦ 자화전류 : 사용된 자화전류로 교류, 직류, 삼상 등을 정확하게 기재한다.
⑧ 자화전류 및 통전시간 : 자화에 적용한 자화 전류 세기와 통전한 시간을 기재한다.
⑨ 표준시험편 : 검사에 사용한 시험편의 종류, 명칭 등을 기재한다.
⑩ 시험결과 : 결함 유무, 결함위치, 자분지시 모양, 모양별 등급분류를 상세하게 기재한다.
⑪ 시험기술자 : 검사한 담당자 이름, 자격, 부서, 회사, 경력을 기재한다.
⑫ 시험일자 : 검사한 날짜를 기재한다.
⑬ 시험장소 : 검사한 장소를 기재한다.

III부

결 함

16장

결 함

1. 결함과 안정성

1) 결 함

비파괴 검사 분야에서 주요하게 다루는 결함은 소재나 가공물, 구조물 등에 존재하는 균열이나 기공 또는 이물질이나 게재물로 인하여 불연속부나 불균질부가 발생한 것을 말한다. 이러한 이상 부분이 발견되면 어떤 소재인지, 구조물에서 어떤 역할을 하는지, 어떤 위치에 있는지, 사용되는 환경조건(응력, 열, 분위기 등)은 어떤지를 복합적으로 분석하고 분석된 결과에 따라 결함 유무를 판정하게 된다.

예를 들어 균열(crack)은 가장 유해한 결함으로서 판단되지만 균열이 발생된 구조물(소재)의 치수(길이 × 높이)와 형상에 따라 또 가해지는 응력의 종류와 크기에 따라 결함으로 판정하지 않을 수도 있다.

따라서 가공물이나 구조물에 균열이나 기공이 존재한다고 해서 모두가 결함으로 판정되는 것이 아니라는 것이다. 결함 판정에 대한 문제를 떠나 불연속부와 같은 이상 현상이 발견되면 이러한 현상이 왜 발생하였지를 검토하고 원인파악을 해야 한다. 해당 공정과정에 전체에 걸쳐서 적용되는 제조조건이나 사용조건에 문제가 없는지를 파악하고 품질관리 측면에서도 결함을 줄이거나 발생되지 않도록 적절한 대책을 세워 결함의 발생을 최대한 줄이도록 노력해야 하는 것이다.

보통 균열은 대부분 결함으로 판정이 된다. 하지만 기공의 경우는 상황이 다르다. 기공은 슬래그 혼입(slag inclusion)이나 게재물, 발생되는 가스로 인하여 발생되는 공동을 말한다. 균열은 사용중에 성장하게 되지만 기공은 사용에 의해 성장되는 경우가 거의 없기 때문에 어느 정도까지는 허용될 수 있는 결함으로서 인식되고 있다.

결함 종류는 여러 가지 방법으로 분류하고 있지만 여기서는 결함이 발생되는 시점에 의한 분류는 다음과 같다.

- 금속 제조과정에서 발생하는 결함
- 용접과정에서 발생하는 결함
- 가공이나 열처리과정에서 발생하는 결함
- 사용중 발생하는 결함

금속을 제조하는 과정에서 발생되거나 용접에서 용융상태의 금속이 응고되면서 소재(재료)에 발생되는 결함은 고유결함이라 한다. 그리고 용접과정 중이나 가공, 열처리중에 발생하는 결함은 초기결함이라 한다. 그리고 사용하는 중에 발생되는 결함이 있다. 초기결함은 과정이나 절차를 개선하므로 결함을 줄일 수 있기 때문에 최근에는 공정관리나 품질관리 분야에서 그 중요성이 점차 주요하게 인식되고 있다.

2) 안정성

다음으로 안정성에 대해 설명하고자 한다.

건물이나 교량에서 안정성에 기준은 기초가 되는 기둥의 크기와 개수 그리고 사용기간 동안 변형이나 파괴가 되지 않도록 설계된 방법에 따라 정해된다. 변형이나 파괴는 설계된 응력보다 더 큰 부하가 걸리게 되는 경우에 발생된다.

- **부하** : 사용시 가해지는 힘, 무게(기계분야), 장비나 기계가 소비하는 전력(전기전자분야) 등을 의미한다.
- **응력** : 물체는 외부에서 힘이 가해지면 휘어지지(변형) 않도록 외부에 가해지는 힘만큼 반대로 작용하는 힘을 말한다.

사용중에 발생하는 부하를 적절히 설계하는 것은 매우 중요하다. 그리고 반드시 정해진 허용 부하 범위내에서 사용되도록 해야 한다.

기둥하나가 100이라는 응력을 가질 수 있도록 설계되었다고 가정하자. 이 기둥은 외부에서 받는 힘으로 100까지의 부하를 견딜 수 있다. 설계된 응력 이하의 힘이 가해지면 아무런 증상이 없거나 휘어지게 되지만 100이상의 부하가 걸리게 되면 부러지거나 파손되게 된다. 이를 변형이라 한다.

만일 가해지는 힘보다 응력을 크게 하면 변형이 발생하지 않는다. 따라서 일반적으로 허용응력 이내에서 사용하면 안전하다고 보는 것이다. 여기서 허용응력이란 외부에서 힘이 가해질 때 소재가 변형되거나 파괴되지 않는 최대의 응력을 말한다.

여기서 응력은 하나의 인자로 나타나지 않는다. 여러 가지 인자에 의해 복합적으로 적용되기 때문에 소재에 작용하는 응력이 허용한도(탄성한도) 이내라고 해서 절대적으로 안전하다고 볼 수가 없다.

응력에 해당되는 인자를 살펴보면 인장강도, 항복점, 내력, 피로한도가 있다. 언급된 네 개의 인자는 기본적인 인자들이다. 허용응력을 계산할 때는 제시된 여러 인자를 종합적으로 고려해서 설계하게 된다.

결함을 검사할 때 검토되어야 하는 또 다른 하나는 초기 결함이 아닌 사용중에 발생되는 결함이다. 반복 사용에 의해 금속의 피로도가 증가되어 균열이 발생하는 경우도 있지만 결함으로 판정되지 않는 균열이 사용중에 성장되어 결함으로 진행될 가능성이 있다.

따라서 해당 소재의 기능과 소재가 사용되는 환경을 고려하여 각각의 기준에 따라 정해진 기간마다 검사할 필요성이 있는 것이다.

초기 균열이 결함으로 판정되지 않는 경우를 살펴보면 용접부나 소재에 발생된 결함은 발생된 결함의 모양이나 발생위치, 결함의 종류에 따라 유해도가 달라진다. 따라서 초기에는 용접부에 발생된 균열이 해당 부위의 소재가 사용되는 환경에서 허용응력에 영향을 미치지 않는다고 판단되어 결함으로 보지 않았지만 사용되면서 균열이 성장되어 허용응력에 영향을 미치게 된다면 그때는 결함으로 판정하게 되는 것이다.

균열이 진행되고 성장할 가능성은 균열이 가지고 있는 모양이 형태에 따라 다르게 나타난다. 균열의 모양이 날카롭거나 뾰족하면 균열이 진행될 가능성이 높다고 본다. 그러나 균열의 모양이 둥글거나 완만한 모양을 가진다면 이 균열은 더 이상 진행될 가능성이 낮다고 본다.

다음은 결함 평가 시 고려되어야 하는 기준이다.

- 소재(용접부)가 가지고 있는 기계적인 성질
- 사용 시 소재에 가해지는 부하
- 결함위치 및 방향
- 결함이 발생한 소재의 치수
- 사용환경과 사용방법에 따른 특성
- 피로강도, 내부식성, 내누설성, 취성파괴 등

3) 변형과 파괴

소재가 허용응력 이상의 응력을 받으면 휘어지거나 부러지게 된다. 이를 소성변형이라 한다. 탄성을 가지는 소재는 힘을 받으면 형상이 바뀌었다가 힘을 제거하면 원래대로 돌아간다. 이러한 현상은 소재가 가지는 탄성한계 이하의 힘을 가했을 때에 나타난다. 하지만 탄성한계보다 큰 힘을 받으면 힘이 제거되어도 원래의 형태대로 돌아가지 못하고 형태가 바뀌게 된다. 즉, 영구변형 또는 소성변형이 발생한 것이다.

- **소성변형** : 소재에 허용응력의 이상의 힘을 가하면 형태가 바뀌게 되는 것

소성변형이 일어나면 원래의 형태로 돌아가지 못해 그 기능을 상실하게 되므로 파괴 또는 파손이라 하고 탄성파괴라고도 한다.

소성변형에는 대부분 균열이 발생되는데 이 균열이 진행되어 완전히 갈라지면 파단이라 한다. 탄성파괴 즉, 파괴나 파손은 소재의 재료가 가지는 특성에 따라 구분된다.

주철같이 조직이 질기고 강한 성질을 갖는 소재는 취성재료라 하는데 이 재료는 탄성허용이내에서 변경이 거의 일어나지 않는다. 하지만 허용치가 넘어서면 바로 파괴되는 현상을 보이는데 이러한 현상을 취성파괴라고 한다.

연강의 같은 연성재료는 허용치 이내에서는 변경이 일어나만 파괴되지는 않는다. 소성허용치보다 큰 힘이 가해지면 파괴가 일어나는데 이때는 연성파괴라 한다.

- **취성파괴** : 소재가 강한 재료로 취성재료가 파괴될 때를 말한다.
- **연성파괴** : 소재가 무른 재료로 연성재료가 파괴될 때를 말한다.
- **피로파괴** : 소재에 반복적인 부하(하중)가 가해져 일어나는 파괴를 말한다.

금속재료에서 제시되는 재료별 안전율은 표 16-1과 같다.

표 16-1 안전율

재 료	정하중	동하중		
		반복하중	교번하중	충격하중
일반구조용 강	3	5	8	12
주 강	3.5	5	8	12
주철 및 취성금속류	4	6	10	15
동 및 연금속 · 합금	5	6	10	15
목 재	7	10	15	20
석재 및 벽돌	15	25	–	–

표 16-2 용접에 많이 사용되는 재료

구분	재료
철강재료	철(Iron) – 0.02%C 이하
	강(Steel) – 0.02~2.14% • 탄소강 • 저합금강 • 스테인리스강
	주철 – 2.14%C이상 • 회주철, 백주처, 가단주철 • 고Cr 주철
비철재료	• 동 및 Cu(동합금) • 니켈 및 Ni(니켈합금) • 티타늄 및 Ti(티타늄합금) • 알루미늄 및 Al(알루미늄합금) • 아연 및 Zn(아연합금)
고분자재료	고무,PE(폴리에틸렌), 에폭시, FRP, 불소수지(테프론)

4) 금속의 성질을 나타내는 용어

- **연성** : 물체가 탄성한도를 초과한 힘을 받고도 파괴되지 않고 늘어나서 소성변형이 되는 성질
- **전성** : 압축에 의해 금속을 얇은 판으로 영구변형이 일어나게 하는 성질
- **취성** : 압축에 의해 영구변형을 하지 못하고 파괴되는 성질
- **가공경화** : 금속의 가공에 의하여 강도, 경도가 커지고 연신율이 감소되는 성질
- **강도** : 물체에 하중을 가하여 파괴되기 직전까지의 변형 저항
- **경도** : 물체의 기계적인 단단함을 나타내는 것
- **가주성** : 가열했을 때 유동성의 정도, 주조가 가능한 성질
- **재결정** : 적절한 고온에서 가공(압연, 단조)을 하면 본래의 결정과 다른 새로운 결정으로 변하게 되는 과정
- **비중** : 동일한 부피에서 물질의 무게와 물(4℃)의 무게와의 비
- **용융** : 고체가 액체로 변화하는 것, 순설의 용융점은 1500℃
- **변율** : 재료가 변형된 후와 변형전의 치수와의 비율
- **선팽창계수** : 물체의 길이가 온도가 1℃ 변화에 따른 길이의 변화량
- **열전도율** : 단위시간당 전해지는 열 에너지, 금, 은, 구리 등은 열전도율이 매우 높음.
- **전기전도율** : 알루미늄, 금, 은, 구리 순으로 전기 전달이 잘됨.

- **소둔** : 금속재료를 고온으로 가열한 다음 서서히 상온으로 냉각시키는 것
- **풀림** : 금속재료를 고온으로 가열한 다음 서서히 식혀 내부 결정을 고르게 하고 응력을 제거하는 열처리 조작

2. 결함의 발생원인과 특성

선박을 만드는 조선분야에서 많이 다루는 금속은 철금속이다. 그리고 철을 용접하여 선박을 만들기 때문에 철금속에 관련된 특성과 금속에서 발생되는 결함에 한정하여 기초적인 부분을 정리해보고자 한다. 여기서는 조선분야에서 주요하게 다루어지는 철재료와 용접부에서 발생하는 결함의 종류와 원인에 대해 설명하고 3장에서 철재료를 만드는 방법과 방법에 따른 특성에 대해 살펴보고자 한다.

결함을 검출하고 정확하게 판정하기 위해서는 금속 재료를 제조하는 방법과 제조 시에 발생되는 여러 결함종류, 가공할 때 발생하는 결함종류, 사용에 의해 발생되는 결함종류 각각에 대한 이해와 폭넓은 지식이 요구된다.

철판을 용접하여 제작한 구조물은 반드시 용접한 부위를 검사하여 안전여부를 확인해야 한다. 해당 부위를 검사한 후에 나온 결과는 제품의 합격여부를 결정하는 것뿐만 아니라 결함원인을 분석할 수 있어 용접기술의 개선에도 사용된다.

결함에 대한 검사는 제품이 가공된 과정마다 수행한다. 가공과정마다 발생되는 결함을 찾아 수정하지 않으면 다음 과정에서 문제를 해결하기 위해 더 많은 비용과 시간을 필요로 하기 때문이다.

결함의 발생하는 원인을 크게 구분해 보면 제조단계에서 잘못된 가공을 수행하여 발생하는 결함이 있고 사용중에 과도한 힘을 받았거나 반복되는 피로도에 의해 발생하는 결함이 있다. 대부분의 결함은 사용하는 중에 발생되는 결함이다.

제조단계에서 발생하는 결함은 제조품의 구조와 사용되는 환경에 따라 허용 가능한 균열모양과 크기나 위치가 정해져 있다. 그리고 어떤 균열은 존재하는 위치와 형태에 따라 균열들이 상호간에 작용을 하여 금속재질을 더 강화시키는 역할을 하기도 한다.

비파괴 검사에서 결함으로 판정하는 경우는 정해진 기준에 따라 엄격하게 적용된다. 따라서 결함으로 판정할 때는 판정을 뒷받침할 수 있는 내용을 상세한 보고서로 제출한다. 여기에는 결함의 모양과 형태와 위치뿐만 아니라 검사자 경력, 자격, 검사방법 등을

상세하게 적어 보고하도록 되어 있다. 보고서의 작성 예를 부록에 들어 두었으니 참고하기 바란다.

금속가운데서도 철 금속은 가공하는 방법에 따라 발생되는 결함이 다르다. 금속을 가공하는 방법에는 압연, 주조, 단조가 있다. 그리고 철판을 접합시키기 위해 사용하는 용접이 있다. 각각의 방법에서 발생되는 고유결함이 있다.

■ 금속 가공방법에 따른 고유결함

- 압연 시 발생되는 결함
- 주조 시 발생되는 결함
- 단조 시 발생되는 결함
- 용접부 결함
- 사용중 발생되는 결함

3. 압연 시 결함

금속의 소성(塑性)을 이용해서 강한 압력으로 눌러서 원하는 모양으로 가공하는 방법이다. 일반적으로 상온이나 고온에서 금속을 회전하는 2개의 롤 사이로 통과시켜 판(板), 봉(棒), 관(管) 등을 만드는 방법을 많이 사용한다.

압출은 재료를 통에 놓고 출구에 원하는 모양의 구멍을 만든 다음 높은 압력으로 밀어내면서 형상을 만드는 것이다. 신선 또는 인발은 두꺼운 금속을 작은 구멍에 통과시켜 얇게 가공하는 압출방법 중의 하나이다.

(1) 압연에서 사용되는 주요 용어

- **압출** : 소재가 연한 재료를 통(다이, die)에 놓고 출구에 원하는 모양의 구멍을 내어 압력으로 밀어 뽑아내는 방식이다.
- **압연** : 판, 선을 만드는데 두꺼운 것이 여러 롤러를 거치면서 얇게 가공하는 방식이다.
- **신선(인발)** : 두꺼운 것을 작은 구멍에 통과시켜 얇게 가공하는 방식으로 봉, 선, 관 등의 제품으로 가공하는 방법이다.
- **피어싱(천공)** : 환봉과 환봉을 이음새 없이 연결하는 방법으로 환봉의 중심에 다른 환

봉을 밀어 넣으면서 회전하는 롤러에 의해 압착시켜 연결하는 기법이다.

(2) 압연 시 발생되는 결함종류

- 라미네이션(lamination) : 압연으로 인해 발생하는 결함으로 미압착된 부분이 판상으로 퍼져 나가 얇은 층상으로 나타나는 현상이다. 강괴를 제조할 때 내부에 들어있는 슬러거(slag)나 수축공에 의해 압연 시 제대로 압착되는 않아 발생하는 현상이다.
- 스트링거(stringer) : 압연으로 강괴에 존재하는 비금속 게재물이 눌러지면서 펴지고 늘려진 결함이다.
- 귀갑의 흠 : 압연 후 금속의 표면에 거북이 등딱지 모양과 비슷한 육각형 무늬나 모양의 흠이 나타나는 현상을 말한다.
- 심(seam) : 은 압연소재에 있는 표면결함이 압연에 의해 압연방향으로 길게 늘어진 것을 말하며 잘못된 압연으로 인해 금속이 서로 겹쳐져 발생되기도 한다.
- 터짐, 버스트(burst) : 열처리 온도가 적절하지 않을 때 가공 시에 내부에 일정하지 않은 움푹 파인 곳(cavity)이 형성된 것을 말한다.
- 찢어짐(tear) : 압연과정에서 롤(roll)의 눌리는 압력이 재료의 허용강도보다 과도하게 누르게 되면 재료가 찢어지게 되는 현상을 말한다. 선상의 형태이고 표면결함이다.
- 핫티어(hot tear) : 두께가 얇은 부분과 두꺼운 부분 사이의 응고속도 차이에 따라 갑작스런 응력분포의 변화에 의해 나타나는 일종의 찢어짐은 핫티어라 한다.
- 블리스터(blister) : 압연된 금속의 표면이 부풀어 올라 내부에 빈 공간이 생기는 것을 말한다.
- 선상의 흠 : 압연된 금속의 표면에 부채꼴 모양의 흠이 발생되는 것을 말한다.
- 귀갑상 : 압연된 금속의 표면에 거북이 등딱지 모양과 비슷한 육각형 형태의 무늬나 모양이 나타나는 것을 말한다.
- 절 입 : 압연시 금속이 끝부분이 접혀지면서 서로 포개져 생기는 현상을 말한다.
- 줄 음 : 물결무늬 형태 결함을 말한다.
- 외면랩 : 금속 속에 들어간 불순물이나 비금속 게재물이 함께 들어가 흠 또는 터진 흠이 생성되어 것이 가공시에 외부로 들어나게 되는 것을 말한다.

- **횡 절** : 가로로 자르거나 끊는 것을 말한다.
- **로트 게재물**(wrought inclusions) : 단조나 압연과정에서 재료에 외력을 가하여 소성 변형시키는 과정에 이물질이 섞여 들어가 금속의 표면에 나타나는 결함
- **게재물** : 슬래그(slag), 플럭스(flux), 텅스텐(tungsten)과 같이 용접부 내에 들어 있는 이물질을 말한다.

4. 단조 시 발생하는 결함

단조(forging)는 고체인 금속재료를 고온상태로 만든 후에 해머 등으로 두들기거나 기계를 이용하여 가압하는 방법을 말한다. 다른 말로는 소성변형이라 하는데 이는 금속재료를 고온으로 가열한 후에 허용소성 이내의 외력을 가하여 원하는 형태를 만드는 것을 말한다. 일반적으로 금속은 고온에서는 소성 변형이 쉽기 때문에 고온으로 가열하여 가공한다.

(1) 단조를 하는 이유

금속 재료를 원하는 형태로 변형시키는 경우나 조대한 금속입자를 미세화하여 재질을 개선하기 위해 사용된다.

(2) 단조에서 발생하는 결함의 종류

- **터짐, 버스트**(burst) : 열처리 온도가 적절하지 않아 가공 시에 내부에 일정하지 않은 움푹 파인 곳(cavity)이 형성된 것을 말한다.
- **겹침**(lap) : 단조과정 중에 금속표면이 서로 겹쳐져 나타나는 결함이다. 선형이나 접혀진 형태로 나타나고 표면 결함으로 검출된다.
- **열영향부 균열**(heat-affected zone cracking) : 가열과 냉각시에 발생하는 열응력으로 인하여 팽창이나 수축이 차이(불균일)가 발생할 때 발생하는 균열이다.
- **균열**(crack) : 고온에서 갖는 금속의 허용강도를 초과한 응력을 가했을 때 많이 나타나는 결함이다.
- **백 점** : 금속표면에 얼룩처럼 하얀색으로 나타나는 결함이다.

- **열처리 균열**(quenching crack, heat-treat cracks) : 열처리는 금속을 고온으로 가열하고 냉각하는 과정을 반복하면서 기계적, 물리적 성질을 변화시키는 가공방법이다. 고온이나 냉각과정에서 조절이 잘못되면 외면과 내부가 수축과 팽창이 서로 차이가 나면 균열이 발생하게 된다. 이 균열을 말한다. 단조과정에서 열처리 균열이 발생하는 이유는 담금질을 하면 표면의 결정입자는 조밀해지면서 경화가 잘 되지만 내부의 결정입자는 상대적으로 덜 조밀해지기 때문에 인장응력이 강하게 작용되어 균열이 발생된다.
- **Micro Porosity** : 강괴에서 중심 부근에 실같은 가느다란 입계균열 또는 입계에 발생한 미소 공동에 의해 결정립의 결합력이 약해진 부분이 존재하게 된다. 이를 입계균열이라 한다. 이 균열로 인하여 단조 시에 제대로 압착되지 못하고 빈 틈이 생기게 되는데 이러한 결함을 Micro Porosity라 한다.
- **비금속 게재물**(nonmetallic inclusion) : 강괴에 존재하는 미세한 비금속 게재물로 인해 단조과정 중에 결함으로 나타난다.
- **Sand Inclusion** : 주형의 일부가 떨어져 나와 혼입될 때 발생한다.
- **표면결함**(surface defect) : 금속 표면에 나타나는 결함으로 부풀음(blister), 균열(crack), 기공(blowhole) 등이 존재할 경우에 발생하는 되는 결함이다. 딱지처럼 보이는 형태는 Scrab이라 한다. 산화물 또는 게재물이 끼어들어가 발생한 형태는 Rough Surface이라 한다.

5. 주조 시 발생하는 결함

주조는 철을 녹여 만든 쇳물을 거푸집에 부어 제품을 만드는 방법을 말한다.

- **탕정** : 더운물이 솟는 우물이다.
- **탕회불량** : 금형의 물을 완전히 건조시키지 못해 생기는 불량이다.
- **주탕** : 쇠를 녹인 물을 담는 그릇이다.
- **모리가미** : 주탕시에 주형의 사립자가 박리되어 주물 속에 감겨들어간 것이다.

- 노로가미 : 주탕시에 래틀속에서 용탕과 분리되지 못한 것이 그대로 감겨들어간 것이다.
- 기공(porosity) : 용접금속이 용융될 때 질소나 수소, 산소 등이 과도하게 용융되었다가 용접금속이 응고되면서 가스가 바뀌면서 외부로 배출되지 못하고 용접금속 내에 그대로 남아 발생되는 공동을 말한다.
- 균열 : 주조에서 발생되는 균열은 열간균열(hot tear)과 냉간균열(cold crack)이 있다. 열간균열은 응고 직후에 생긴다. 냉간균열은 금속의 냉각되는 중간에 발생하는 균열이다. 주형강도가 너무 커서 제대로 수축하지 못할 때 발생한다.
- 수축공(shrinkage cavity) : 수축공은 압탕(hot top), 주형(mould), 냉금(chill) 등의 설계불량에 의해 수축공이 주물본체의 속에 생긴 것이다.
- 수축관(shrinkage) : 주조 시에 용융된 금속이 응고될 때 외부와 내부의 수축차이에 의해 형성되는 공동을 말한다. 수축정도나 밀집도에 따라 다시 다양한 형태를 가지게 되는데 Micro-Shrinkage, Shrinkage Cavity, Shrinkage Sponge 등으로 분류한다.
- 핫티어(hot tear) : 주조 시에 외부와 내부의 응고속도 차이에 따라 갑작스런 응력분포의 변화에 의해 나타나는 현상으로 일종의 찢어짐은 핫티어라 한다.
- 콜드셧(cold shut) : 주형 내 에서 이미 응고된 금속에 용융금속이 들어가 응고속도의 차이로 앞서 응고된 금속면과 새로 주입된 용융금속의 경계면에 발생하는 결함이다. 용융(=융해)은 고체 물질이 열을 흡수하여 액체로 변화하는 것이다.
- 주물덩어리의 미용착 : 주입온도가 낮으면 용강 내에서 용융되어야 할 주물덩어리 일부가 용융되지 않고 주물 속에 남겨진 것이다.
- 블로우홀(blowhole) : 용융금속에서 탈산이 불충분할 경우나 주물사에 습기가 많을 때 발생한다. 용융상태에서 가스가 외부로 빠져나가기 위해 떠오르다가 완전히 나가지 못하고 응고될 때 길죽하게 원통형으로 공동이 만들어지는데 이러한 형태의 기공을 말한다.

6. 용접 시 발생하는 결함

용접부 검사는 용접된 제품이 정상적으로 동작할 수 있음을 보증하기 위해 필수적으로 검사해야 하는 항목이다.

용접부 균열은 초음파 검사나 방사선 검사를 통해 검사해야 한다. 매우 미세하기 때문에 숙련된 전문가를 이용하여 세밀하게 검사하지 않으면 발견하기가 어렵다. 최근에는 방사선 검사가 필수적인 부분을 제외하고는 초음파 탐상을 통하여 검사하는 추세이다.

용접부위에 발생하는 균열은 발생하는 원인과 종류가 각각 다르고 나름대로 특성을 가지고 있기 때문에 용접부 검사를 위해서는 용접하는 방법과 용접별로 발생 가능한 결함에 대한 이해가 꼭 필요하다.

용접부위에 많이 발생되는 결함을 살펴보면 균열, 기공, 이물질로 인한 슬러그 등이 있다. 이러한 결함은 접합부의 기능과 성능에 심각한 장애를 주는 주요 원인이 되기 때문에 발생된 결함은 반드시 재시공(재용접)을 해야 한다. 이는 시간과 자원을 낭비하고 비용을 증가시키는 원인이 된다.

용접부 검사에서 발견되는 불연속부는 모재의 두께와 종류, 구조물의 기능에 따라 결함의 위치, 크기, 모양, 방향, 발생위치 등을 종합적으로 분석하여 결함 여부를 판정한다. 여기서 발생되는 결함의 종류와 발생된 원인에 대한 분석은 결함의 재발방지와 결함이 발생하는 원인을 제거하는 기술을 개발하거나 용접기법을 개량시키는데 기여하게 된다. 용접시에 결함이 발생하는 주요 원인은 슬래그, 기공, 균열이다.

용접결함은 용접하는 방법에 따라 발생되는 결함종류가 다르게 나타난다.

아크 용접에서 발생되는 결함과 가스 용접에서 발생하는 결함이 다르고 같은 아크 용접에서도 사용되는 열원의 종류에 따라 발생되는 결함종류도 조금씩 다르다.

일례로 같은 아크 용접이지만 TIG, MIG, CO_2 용접에서 발생하는 결함이 전부 다르게 나타난다. 이 책에서는 용접에 관련된 전문 교재가 아니기 때문에 주요 용접에서 발생하는 결함종류와 특징에 대해 간략하게 정리하고자 한다.

1) 슬래그에 의해 발생되는 결함

슬래그란 외부에서 들어간 이물질, 모재와 용접봉이 용융되면서 화학반응에 의한 발생되는 부산물, 용접부 표면에 있는 도막이나 녹 등의 물질들로 용접금속 성분이 아닌 타 성분 모두를 슬래그라고 한다.

(1) 슬래그가 발생되는 이유

- **예열 시 모재의 산화** : 반응에 의해 용접금속 이외의 다른 반응물질이 만들어질 때

- 외부에서 이물질이 들어가는 경우 : 다른 물질이 들어가 같이 용융되면서 찌거기로 남게 될 때

산화물이나 용재나 주형의 일부가 떨어져 쇳물(weld metal) 속에 들어가는 경우가 많이 발생한다. 용재의 일부가 떨어지는 것은 주의하여 작업을 하거나 용재 관리를 잘하면 된다. 하지만 슬래그의 일종인 산화물은 금속을 용융(녹이는)하는 과정에서 필연적으로 발생한다.

산화물은 플럭스와 용융금속이 서로 반응에 의해 생성된 반응물질로 용융된 금속보다 가볍기 때문에 위로 부상하게 된다. 모재와 용접봉을 용융시키면 반응할 때 반드시 슬래그가 발생되는데 이 슬래그는 용융금속이 응고되기 전에 위로 부상하여 표면으로 배출되는 것이 일반적이다. 하지만 용융온도가 너무 낮으면 응고가 급속하게 진행되어 미처 배출되지 못하고 용접금속 내부에서 응고되는 경우가 있다. 이로 인해 금속내부에 공동이나 균열로 나타나게 된다.

(2) 슬래그가 배출되지 못하고 금속내부에 고착되는 이유

① 용융점도가 적당하지 않을 때

- 용접 시 충분하게 가열하지 않고 용접을 시도할 때
- 용접 시 녹는 금속(용접봉)의 점성이 너무 높을 때
- 용접 후에 후열처리가 잘못되었을 때
- 용접 시 운봉이 적절하지 못할 때

② 용접하는 모재의 표면에 다른 물질이 덧입혀져 있을 때

- 슬래그가 표면에 올라오지 못하고 표면부에 머물게 된다.

2) 기공에 의해 발생되는 결함

기공은 용접부 내・외부에 존재하는 결함으로 통상 구형으로 존재하는 공동을 말한다. 표면에서는 움푹 파인 모양으로 보인다. 공동은 용접금속 내부에서 물질의 반응에 의해 발생된 가스가 외부로 배출되지 못하고 용접금속 내에 그대로 남아 고착될 때 나타나는 현상이다. 주로 질소나 수소, 산소 가스에 의해 발생한다.

수소는 주로 용접 플럭스로부터 혼입되는 것이 일반적이지만 대기 및 보호(차폐)가스

중의 수분의 해리나 용접재료 중의 고용수소 등으로부터 유입될 수도 있다.

질소는 공기 중에 존재하는 질소에 의해 혼입된다. 간혹 보호 가스 중의 불순물로 질소가 존재하는 경우에 혼입되기도 한다.

산소는 공기 중의 산소나 용접 시 사용되는 플럭스나 보호 가스에서 수분 해리에 의해 혼입된다. 해리는 더 작은 분자로 나누어지는 현상을 말한다.

기공의 발생원인을 정리하면 다음과 같다.

- 접합부에 이물질이 완전하게 제거되지 않은 경우

접합할 부위에 도장, 녹, 습기가 같이 용융되면서 가스가 발생된다.

- 용접봉에 의해 발생되는 경우

용접봉(용접와이어)에 있는 습기나 녹이 용융되면서 가스가 발생된다.

- 잘못된 용접방법에 의해 발생되는 경우

아크 용접에서 아크의 길이가 길어지면 외부 공기를 완전하게 차단하지 못한다.

외부공기가 혼입되면 용융금속에 같이 용해되거나 화학반응을 통해 가스가 발생된다.

- 보호 가스의 과도한 혼입이나 부족할 때 발생되는 경우

보호 가스가 과도하게 혼입되면 보호 가스가 용접금속에 과도하게 용융되었다가 응고 시 가스로 발생된다. 보호 가스가 부족할 때는 외부 공기를 완전히 차단하지 못해 산소나 질소가 같이 용융되었다가 응고 시 가스로 발생된다.

3) 균열에 의한 결함

용접균열은 여러 가지 원인에 의해 발생된다. 균열이 발생되는 이유를 보면 용융된 융합금속이 응고될 때 주로 발생한다. 이 균열은 고온에서 발생하는 균열과 저온에서 발생되는 균열로 구분된다. 그리고 시간이 많이 지난 후(24시간)에 발생하는 균열을 지연균열이라 한다.

(1) 고온균열

고온균열은 고온에서 발생되는 균열을 말하는데 스테인리스강을 용접할 때 주로 발생한다. 강이 용융상태에서 응고되는 과정에서 고온에서 연성이 부족하면 불수물이 입계에 달라붙어 미세한 균열을 형성시켜 발생되는 균열이다.

고온 균열은 대부분 입계(응고)균열이지만 HAZ 액화 균열, 연성저하 균열도 있다.

(2) 저온균열

용접을 하고 난 후 충분한 시간(수시간에서 수일 후)이 지난 후에 발생되는 균열을 말한다. 대략 용접부가 200℃ 이하로 냉각된 후에 발생되는 균열이다. 탄소강, 저합금 고장력강 등에서 발생된다.

저온균열의 발생원인으로는 열에 의한 영향이 민감한 금속조직이고, 용접부에 잔류 수소가 존재하고, 잔류응력이 형성될 때 발생된다. 세 가지 조건이 동시에 만족될 때 발생되기 때문에 자주 발생되지는 않는다. 용접부가 냉각된 후에 수소로 인하여 장시간이 경과된 후에 균열이 발생되는 경우가 있는데 이것은 지연균열(delay crack)이라 한다.

일반적으로 균열은 다양한 원인에 의해 발생된다. 이러한 균열을 발생원인에 따라 다양하게 구분하고 있는데 여기서는 통상적으로 분류하는 방법에 대해 알아본다.

(3) 균열의 형태에 의한 분류

- 미세균열 : 미세한 형태의 균열, 검사가 어렵다.
- 횡균열 : 횡으로 생긴 균열, 용접선에 직각인 방향으로 발생한 균열이다.
- 종균열 : 종으로 생긴 균열, 용접선 방향으로 발생한 균열이다.
- 입계균열 : 입계란 금속 구조에서 방향이 다른 두 개의 결정 경계를 말한다. 따라서 입계균열이란 입계에서 발생하는 균열이다.

(4) 제조 및 가공과정에 의한 분류

- 저온균열 : 용융금속이 저온상태(200° 이하)에서 발생하는 균열이다.
- 고온균열 : 용융금속이 고온상태에서 응고될 때 발생하는 균열이다.
- 담금질균열 : 담금질과정에서 발생하는 균열이다.
  응력에 의해 터짐이 발생하거나 내외의 팽창으로 발생한다.
- 단조균열 : 단조과정에서 발생하는 균열이다.
- 용접균열 : 용접과정에서 발생하는 균열이다.
- 연마균열 : 연마과정에서 발생하는 균열이다.
- 수축균열 : 냉각과정에서 온도조절이 잘못되어 발생하는 균열이다.
  표면에 갈라지는 형태의 균열이 발생된다.

(5) 사용중에 발생하는 균열

- **피로균열** : 반복적인 하중에 의해 발생되는 균열이다. 과도한 부하가 반복되면 소재의 피로도가 높아져 균열이 쉽게 일어난다.
- **부식균열** : 화학반응으로 인해 부식되어 발생하는 균열이다. 용접부나 이음새에 많이 발생된다. 피로균열과 같이 소재의 노후화의 주 원인이 된다.

4) 용접부에서 발생되는 결함

(1) 웜 홀

용접을 할 때 외부공기를 차단하기 위해 보호 가스를 사용하는데 보호 가스가 너무 과도하거나 너무 적을 때는 발생한다. 보호 가스가 과도하면 용융금속에 가스가 다량으로 같이 용해되었다가 응고될 때 가스로 바뀌게 된다. 이 가스가 위로 부상하다가 응고가 진행되면서 배출되지 못하고 용접금속 내에 존재하게 된다. 가늘고 긴 원통형의 공동이 된다.

(2) 텅스텐 혼입

TIG 용접에는 비소모성 전극을 사용하는데 전극으로 텅스텐이 사용된다. 이때 텅스텐 전극의 일부가 떨어지면서 용접금속 중에 혼입되어 용융될 때 발생하는 결함이다.

(3) 융합불량

용접과정에서 용접금속과 모재가 충분히 용융되지 못해 서로 잘 융합되지 못한 상태를 말한다. 모재를 이어 붙일 때 한 번의 용접으로 붙이는 것이 아니라 여러 번 나누어 용접하기 때문에 용접금속이 서로 제대로 융융되지 못하는 융합불량이 일어날 수 있다. 그리고 용접부에 부착되는 슬래그나 산화물의 도막을 완전히 제거하지 않고 용접하는 경우에도 융합불량이 발생된다.

(4) 용입불량

용입불량은 용융된 금속이 용접 중앙부까지 완전히 용입이 되지 않은 상태를 말한다. 루터 면이 용융되지 않고 미용융된 채로 남아 있는 것으로 용입부족 또는 용입불량이라 한다. 전 단면에 걸쳐 연속적으로 나타난다. 용입불량이 발생되는 원인은 다음과 같다.

- 루터 면이 넓어 용입이 적을 때

- 용접속도가 너무 빠르거나 늦어 용입이 제대로 되지 않을 때
- 용접전류가 적어 제대로 용융되지 못해 용입이 적을 때
- 용접봉을 운용할 때 각도가 맞지 않아 용입이 적을 때
- 용접봉이 너무 굵어 용입이 적을 때

(5) 오버랩

겹쳐진다는 의미로 용융금속이 모재와 제대로 융합되지 못하고 표면에 덮혀있는 상태를 말한다. 용접 시 낮은 전류를 사용하여 용접부가 충분히 용융되지 못했거나 용접부에 이물질이 존재하는 경우에 용융금속이 모제와 결합되지 못하고 표면에 덮혀진 채로 응고될 때 발생하는 결함이다.

(6) 언더 컷

용접전류가 너무 높으면 용융상태가 과도하여 용접금속이 흘러내리게 된다. 이때 모재에 파이는 부분이 생기게 되는데 이를 언더 컷이라 한다. 용접전류가 과도하거나 잘못된 용접방법, 용접봉의 각도가 잘못되었을 때 발생한다.

(7) 라멜라테어

압연이 진행되는 단면과 직각되는 단면은 기계적인 성질이 다르기 때문에 이 두 단면이 만나는 부분에 균열이 발생된다. 판에 작용되는 용접응력이나 판두께 방향으로 연성이 부족한 부분에 용접변형을 할 때 발생한다. 십자 이음이나 긴 판을 이음하는 용접에서 많이 발생하는데 용접금속이나 인접된 모재에서 균열이 생긴다.

(8) 재열균열

용접 후에 열처리하는 과정이나 용접구조물이 고온에서 사용될 때 발생하는 균열을 의미한다. 대부분 사용중에 발생하기 때문에 저온균열로 생각하기 쉽다.

(9) 종방향 균열

검은색으로 날카로운 선의 형태이다. 용접 비드에 수직방향으로 나타난다. 용접에서 냉각속도가 적절하지 못할 때나 용접봉의 재질을 잘못 선택했을 때 발생된다.

(10) 횡방향 균열

검은색으로 날카로운 선의 형태이다. 용접 비드를 따라 평행하게 나타난다.

용접에서 냉각속도가 적절하지 못할 때나 용접봉의 재질을 잘못 선택했을 때 발생된다.

7. 사용중 발생되는 결함

사용중에 발생되는 결함은 반복적인 동작에 의해 피로도가 높아져 발생되거나 노후화에 따른 부식이 주 원인이 된다.

(1) 피로균열(fatigue crack)

반복되는 하중에 의해 발생되는 균열이다. 피로균열은 소재의 내부와 외부 모두에 발생된다. 종류로는 접촉응력 피로균열, 열응력 피로균열, 부식 피로균열 등이 있다.

(2) 응력 부식균열(stress corrosion cracking)

부식이 진행되고 있는 금속재료 표면에 높은 인장응력이 가하질 때 발생된다. 수소취성과도 관계가 있는 것으로 알려져 있다.

(3) Cavitation Erosion

액체속에서 발생되는 기포가 표면에 작용하여 생기는 침식이다.

(4) 열응력균열

가열과 냉각이 반복되면서 열응력에 의해 발생되는 균열이다.

8. 기타 결함

(1) 기공(porosity)

가스가 외부로 배출되지 못하고 금속 내부에 남아 생긴 공동이다.

(2) 파이프(pipe)

용융금속이 응고되면서 수축에 의해 응고된 금속의 가운데 부분에 길게 공동이 형성된 것을 말한다. 후열처리가 적절하지 못할 때 발생한다.

(3) 선상의 흠

파이프가 존재하는 금속을 압연(압착)할 때 길게 늘어난 형태로 나타나는 결함이다.

(4) 게재물(inclusion)

용합 금속내에 포함된 슬래그, 산화물, 이물질 등을 말한다.

(5) 편석(segregation)

용융된 금속이 응고될 때 구성분포가 일정하지 않아 금속의 결정이 다르게 나타나는 현상을 말한다.

(6) 소용돌이 균열(convolution cracks)

소용돌이 모양으로 발생되는 균열로 열처리나 가공과정 중에 발생된다.

(7) 필릿 균열(fillet cracks-bolts)

필릿용접에서 치수를 너무 크게 잡으면 모재가 열응력에 의해 인장되었다가 수축되는 정도가 너무 커서 균열이 발생된다. 치수를 너무 작게 잡으면 용접부가 급격히 냉각되기 때문에 균열이 발생된다. 이때 발생되는 균열을 필릿 균열이라 한다.

(8) 그라인딩 균열(grinding cracks)

이송속도, 입자크기, 휠의 경도, 절삭유 등이 적절하지 않을 때 휠에 의해 국부적인 고열(hot spot)이 발생하면서 생기는 균열이다.

(9) 입계부식(intergranular corrosion)

금속 조식에서 입계면을 따라 진행하는 부식을 말한다.

(10) 적층(laminations)

아주 얇은 판(plate)으로 압연할 때 모재에 존재하는 비금속 게재물이 판상으로 퍼져 나타나는 결함이다.

(11) 랩(laps, 겹침)

단조과정에서 금속이 서로 겹쳐져 나타나는 결함으로 선형이거나 U자 형태로 나타난다.

(12) 심(seams)

표면에 존재하는 결함이 압연에 의해 압연방향으로 길게 늘어나는 결함이다.

(13) 미세한 수축공(micro shrinkage)

도자기 표면에 생기는 가늘고 잘잘한 금과 같이 금속재료 표면에 미세하게 발생된 균열이고 주로 응고과정에서 수축에 의해 다공질의 미세 수축공이 많이 발생된다.

(14) 응력 부식(stress corrosion)

금속재료가 부식되는 과정에 있을 때 가해지는 응력에 의해 균열이 발생되어 성장되는 것을 말한다.

(15) 튜브 균열(tubing cracks)

수축과 팽창이 반복될 때 피로에 의해 발생되는 파이프 형태의 균열이다.

(16) 언퓨즈드 기공(unfused porosity)

용융상태가 완전하지 않은 상태에서 응고될 때 덩어리처럼 발생되는 기공이다.

(17) 전 조

드릴, 나사, 기어를 제작할 때 사용하는 방법, 기어전조, 나사전조가 있다. 가공할 철금속을 전조공구로 회전시키면서 기어를 만드는 것을 말한다.

(18) 내화물

고온(1000℃ 이상)에서 잘 견디는 물질, 대표적으로 내화벽돌이 있다.

17장

용 접

1. 용접이란

용접(welding)은 두 모재를 반 정도 녹인(용융) 상태에서 서로를 이어 붙이는 것을 말한다. 용접은 다양한 방법이 있다. 용접을 분류하는 방법으로 통상 접합방법에 의한 분류와 시공방법에 의한 분류 그리고 용접에 사용되는 에너지 종류에 의한 분류가 있다.

먼저 접합방법에 의한 분류를 살펴보자. 접합방법에 의한 분류는 크게 융접(용접), 압접, 납땜이 있다.

- **융접** : 융접과 용접은 같은 말이다. 접합하고자 하는 모재의 두 부분의 접합 부위를 용접봉(용가재)과 같이 용융(녹인다)시켜 이어 붙이는 방법을 말한다.
- **압접** : 접합부위를 약간 녹인(반용융 상태)다음 압력을 가하면서 붙이는 방법을 말한다. 냉간 상태에서 압력을 가해 붙일 때도 있다.
- **납땜** : 모재보다 낮은 녹는 점을 가진 용가제를 사용하는 붙이는 방법을 말한다. 용가제의 용융온도가 모재보다 낮기 때문에 용가제만 용융되어 모재에 붙이게 된다. 용가제로 납을 많이 사용하기 때문에 납땜이라 한다.
- 납땜은 납땜 시 사용되는 땜납의 녹는 온도와 녹이는 방법에 따라 연납땜과 경납땜으로 구분한다. 일반적으로 사용되는 납땜은 연납땜으로 전기인두를 이용하여 납을 녹여 접합하는 방식이다. 이 방식은 납땜 부위가 약하다는 단점이 있지만 접합부위에 큰 힘이 가해지지 않고 크기가 작은 전자 부품을 접합할 때 많이 사용된다.
- 경납은 반지나 목걸이의 연결부위나 주전자의 손잡이 부위 같이 접합부의 접속력이

강해야 되는 경우에 사용하는 방법이다. 땜납이 녹는점이 높기 때문에 접합하는 소재 특성을 잘 고려하여 땜납을 해야 된다.

연납땜과 경납땜을 선택하는 방법은 연납은 땜납이 저온에서 녹기 때문에 소재 재질의 온도특성에 크게 상관하지 않지만 결합력이 약하기 때문에 큰 힘을 필요로 하지 않는 부위를 접합시킬 때 사용되고 경납은 고온에서 녹기 때문에 소재 재료의 온도특성을 반드시 고려해야 하지만 결합력이 아주 크기 때문에 큰 힘이 가해지는 부위를 접합할 때 사용된다.

- **융접과 납땜** : 두 모재를 접합시키는 것으로 접합부위를 열을 가해 녹여서 용가제와 함께 접합하는 것을 융접(融接 : fusion welding) 또는 용접이라 한다. 용접은 융접의 일부이다. 납땜은 모재의 접합부에 녹는점이 낮은 다른 금속을 녹여서 접합시키는 것을 말한다. 납땜은 녹는점이 800°F(약 450℃)를 경계로 하여 이하에서는 연납(솔더링, soldering), 이상에서는 경납(브레이징, brazing)이라 한다.

- **납땜의 종류**

－연납땜 : 인두를 이용한 납땜

－경납땜 : 가스 납땜, 노내납땜, 담금납땜, 진공납땜, 유도가열납땜

(1) 압접의 종류

압접은 접합하고자 하는 모재에 압력을 가해 접합하는 방법으로 압접의 종류는 다음과 같다.

－단접

－냉간 압접

－저항용접

겹치기 : 스폿 용접, 심용접, 프로젝션 용접

맞대기 : 플래쉬 맞대기 용접, 업셋 맞대기 용접, 방전 충격용접

－유도가열용접

－초음파 용접

－마찰용접

－가압 테르밋 용접

－가스 압접

(2) 용접에서 많이 사용되는 용어

- 모재 : 모재(base metal)는 이어 붙이고자 하는 금속을 말한다.
- 용가제 : 용가제(filler metal)는 두 모재를 붙이기 위해 용접부위에 함께 녹여 첨가시키는 금속을 말한다. 일반적으로 용접봉이 해당된다. 다른 용어로 충전재라고도 한다. 비철금속, 비철합금, 철금속 등이 사용된다.
- 융착금속 : 모재와 용가제가 함께 용융된 후에 응고된 부위를 말한다. 용접부위가 모두 융착금속이다.
- 비드(bead) : 용접 시 만들어진 융착금속 표면, 울퉁불퉁한 물결모양의 리플이 발생된 면 전체를 말한다.

(3) 용접과정에서 운봉을 하는 자세에 따라 다음과 같이 구분한다

- 아래보기 용접 : 용접선이 수평인 상태에서 위에서 내려다보면서 용접하는 방식이다.
- 수평 용접 : 용접하는 면이 90° 또는 45° 이하로 경사를 가진다. 용접선은 수평이 되며 용접봉도 수평하게 잡아 용접하는 방식이다.
- 수직 용접 : 수직면 또는 수직면과 45° 이내의 경사진 면을 용접하는 경우로 용접선은 수직이거나 45° 이내로 경사로 용접하는 방식이다.
- 위보기 용접 : 용접선이 수평에서 45° 이하의 각도를 이루는 상태에서 아래쪽에서 위보기로 용접하는 방식이다.

2. 용접의 종류와 특징

용접은 모재와 용가제에 고열을 가해 함께 용융하여 융합되면서 응고되어 접합되는 방식이다. 반드시 모재와 용가제에 고열을 가해 용융시킬 수 있어야 한다. 이때 고열을 발생시키는 방법에 따라 아크 용접, 가스 용접, 특수용접으로 구분한다. 구분된 용접을 종류별로 구분하면 다음과 같다.

(1) 아크 용접 종류

- 탄소전극을 사용할 때 : 보호 아크 용접, 맨 아크 용접

• 금속전극을 사용할 때 : 피복 아크 용접, 가스 보호 스터드 용접, 서브머지드 아크 용접, 불활성 가스 아크 용접, 원자수소 용접, 이산화탄소 아크 용접, 맨스터드 아크 용접

(2) 가스 용접 종류
• 산소 / 아세틸렌 용접
• 공기 / 아세틸렌 용접
• 산소 / 수소 용접

(3) 특수 용접 종류
• 테르밋 용접
• 일렉트로 슬래그 용접
• 전자빔 용접

용접의 종류를 열원에 따라 구분하는 방법도 있다. 열원의 종류에는 가스에 의한 열, 아크에 의한 열, 전자빔에 의한 열이 있다.

표 17-1 열원에 따른 용접구분법

열 원	용접종류	영문표기
Gas	Oxy-acetylene Gas Welding	OAW
Arc	Shielded Metal Arc Welding	SMAW
	Gas Tungsten Arc Welding	GTAW
	Plasma Arc Welding	PAW
	Gas Metal Arc Welding	GMAW
	Submerged Arc Welding	SAW
Arc (Semi-Arc)	Electro-slag Welding	ESW
High Energy	Electron Beam Welding	
	Laser Beam Welding	

이 교재에서는 조선분야에서 많이 사용하는 용접법 몇 가지에 대해서 상세히 설명하고자 한다. 이는 조선에서 사용되는 비파괴 검사의 대부분이 용접부 검사이기 때문이다. 그리고 서두에서도 밝혔지만 이 교재는 조선분야에 취업할 학생들을 대상으로 비파괴를 전

문적으로 공부하지 않은 비전공자를 대상으로 비파괴 검사방법과 용접방법과 용접장비들을 포괄적으로 이해하는데 목적을 두고 있다.

3. 아크 용접

1) 아크 용접 원리

아크 용접(arc wellding)은 아크에 의해 얻어지는 고열로 모재(피용접제)와 용가제(filler metal)를 용융시켜 모재를 접합하는 용접방법이다. 모재와 용접봉 사이에 고압의 전기를 인가하여 아크를 발생시키는 방법과 두 개의 전극를 사용하여 전극 사이에 아크를 발생시키는 방법이 있다.

모재와 전극(용접봉)을 사용하는 방법에서는 모재에 (−)전압을 연결하고 용접봉에는 (+)전압을 연결하여 사용한다. 모재에 용접봉을 접촉(쇼트)시킨 후에 약간 떼면 전극과 모재 사이에 불꽃이 생기면서 고열이 발생된다. 두 개의 전극을 사용할 때는 두 전극을 적정한 거리를 두고 고압을 가하면 두 전극 사이에 아크가 발생된다.

아크는 가스가 고압의 전기에 의해 빛과 고열을 발생하는 방전현상을 말한다. 원리를 살펴보면 전극을 모재에 닿게 하면 쇼트가 되면서 가열되어 가스가 발생되는 이때 전극을 모재에서 약간 떼어도 가스를 통해 고압이 흐르게 된다. 고압이 가스에 흐르면 방전이 일어나는데 아주 강한 불꽃이 생기면서 고열이 발생된다. 아크(가스) 방전이 시작되면 전극과 모재 간에 거리만 적절한 유지하면 방전이 지속된다. 아크 방전은 고열과 함께 아주

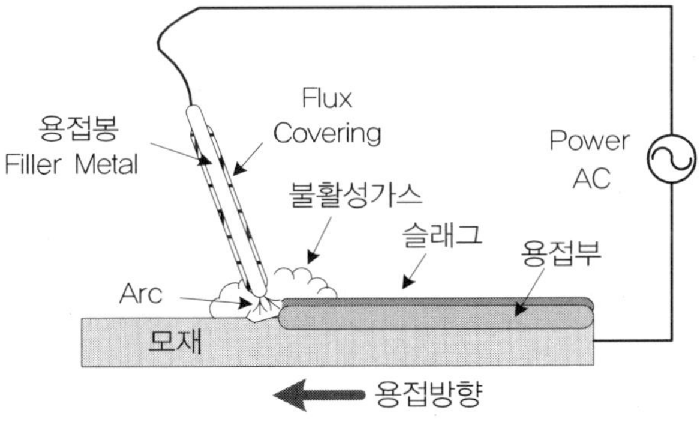

그림 17-1 아크 용접

강한 빛이 발생하기 때문에 시력을 보호하기 위한 보호용 안경을 착용하여야 한다.

발생되는 온도는 5000~50000K(K(캘빈) = ℃ + 273) 정도이며 전극으로 사용되는 물질에 따라 달라진다. 탄소 아크는 4000℃ 정도이며 금속 아크는 3000℃정도이다.

방전에 의해 발생되는 아크는 모재와 용접봉 간에 거리가 중요한 요인이 된다. 이는 아크의 길이에 해당된다. 아크 용접에서 적절하게 아크의 길이를 유지하는 것은 용접부 결함을 줄이기 위한 중요한 요인이다. 아크의 길이가 너무 짧으면 열이 너무 적게 발생하고 아크의 지속성이 떨어질 수 있어 용입부족이 일어나기 쉽다. 반면 아크의 거리가 너무 길면 아크가 불안정해져 외부 공기(산소나 질소)에 노출되어 기공이 발생하거나 용입부족이 일어나기 쉽다.

2) 아크 용접법

용접법에서 제시하는 아크 용접법은 다음과 같다.

- 모재와 용접봉사이에 거리는 10mm 정도로 유지한다.
- 아크 발생위치를 잡는다.
- 보안경으로 얼굴을 가린다.
- 순간적으로 용접봉을 모재에 접촉시켰다가 3~4mm 정도 들어올리면 아크가 발생한다.
- 아크의 길이가 길 때 문제점
  - 아크가 불안정하다.
  - 외부의 공기에 노출되어 기공이 발생하기 쉽다.
  - 용착이 얇게 된다.
  - 용접부위의 융착금속의 강도가 약해진다.
  - 용접봉의 소비가 많다.
  - 아크 열의 손실이 발생한다.
- 아크의 길이가 짧을 때 문제점
  - 아크를 지속하기 어렵다.
  - 아크 열이 낮아 용입부족이 일어나기 쉽다.
  - 연속적인 용접이 어렵다.

3) 아크 용접 종류

아크 용접을 정리해보면 아크 용접은 모재(−전극)와 용접봉(+전극)의 전극사이에 가스 방전에 의한 아크를 만들고, 아크에 의해 발생하는 고열을 이용하여 용접부위(용착부)를 융합하는 용접법이다. 일반적 환경에서, 즉, 공기 중에서 용접하는 방법이 일반적이지만 녹는점이 높은 금속인 경우는 챔버안에서 비활성 가스를 채워 용접하는 방법 또는 불활성 가스를 용접봉과 같이 달린 노즐을 통해 배출하면서 용접하는 방법이 있다.

전극에는 소모식과 비소모식이 있는데, 소모식은 전극 자체 또는 용접봉을 녹여서 접합부를 메우며, 비소모식은 용접 시 전극이 녹지 않고 소재(素材)를 녹여서 접합시킨다. 비소모식 전극으로는 흔히 텅스텐이 사용된다. 비활성 기체를 이용하는 경우에 소모전극, 즉 용착금속의 용접봉을 사용하는 것을 MIG, 비소모전극 즉 텅스텐 전극을 사용하는 것을 TIG라고 한다.

- 비소모전극을 사용하는 용접종류
  - 비피복 아크 용접 : 탄소 아크 용접
  - 피복 아크 용접 : 원자수소 용접, Tig 용접
- 소모전극을 사용하는 용접종류
  - 비피복 아크 용접 : 금속 아크 용접, 스터드 용접
  - 피복 아크 용접 : 피복금속 아크 용접, Mig 용접, CO_2용접

(1) 피복아크 용접

피복아크 용접(Shelded Metal Arc Welding : SMAW)은 피복이 입혀진 용접봉을 사용하여 용접하는 방식을 말한다. 용접봉에 피복을 입히는 이유는 용접봉이 고열에 의해 녹을 때 가스가 발생키는 용도이다. 이때 발생되는 가스로 인하여 방전이 발생된다. 가스 방전시에 일어나는 불꽃을 아크라고 한다. 아크가 발생되면 더 높은 고온을 유발시키게 되고 이때 발생되는 높은 온도에 의해 모재와 용접봉을 용융되면서 용접이 진행된다.

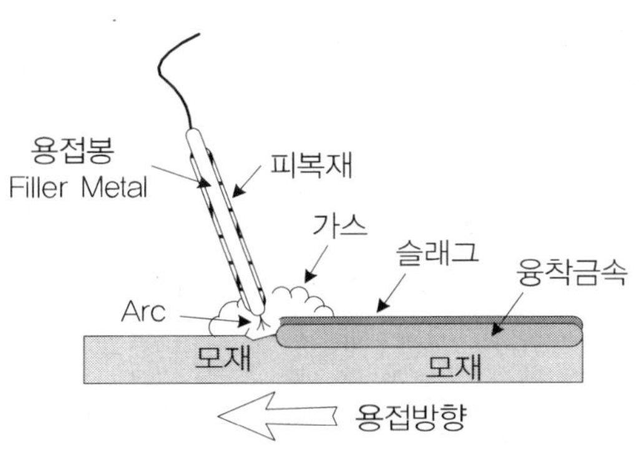

그림 17-2 피복아크 용접

용접봉에 피복된 피복제는 용접봉이 모체에 닿는 순간 쇼트에 의해 발생되는 열에 타면서 가스를 발생시키는 역할을 한다. 피복제는 타고 난 후에 잔해가 남는데 이를 슬래그라 한다. 피복아크 용접에서 슬래그는 반드시 발생된다.

(2) 서브머지드 아크 용접(SAW)

서브머지드 아크 용접(Submerged Arc Welding : SAW)은 용접부에 별도 노즐을 통하여 용제(유리질의 입상 플럭스)를 공급하면서 미피복 용접봉으로 이용하여 용접하는 방법이다. 이 용접에서 사용되는 용접봉은 용접 와이어로 감겨 있다가 용접이 진행될 때 일정한 속도로 연속하여 자동으로 공급된다.

모재와 용접봉 사이의 아크를 일정하게 유지하도록 거리를 조절하는 자동조절장치가 달려있어 자동화 용접이 가능하다. 공급되는 전류를 높게 할 수 있어 두꺼운 판도 단층으로 용접(한번에 용접한다)할 수 있고 용접속도가 빠르다.

연강뿐만 아니라 특수강이나 일부 비철 금속의 용접에 사용된다. 보통 두꺼운 모재를 용접할 때는 용접부를 여러 번 반복 용접(3~4번)하는데 서브머지드 용접방법은 한 번으로 용접이 끝나기 때문에 용접시간을 1/10 이상 단축시킬 수 있어 조선소에서 자동로봇 용접에 많이 사용되고 있다.

가스를 발생시키는 용제(플럭스)는 원료 광석을 융해하여 응고시킨 후 분쇄하여 고운 입자로 만든 것을 사용한다. 용제의 종류는 SiO_2, MnO, FeO, CaO, MgO, Al_2O_3, BaO, TiO_2, Fe, P, S 등을 혼합하여 사용한다.

공급되는 용제는 용융형과 소결형으로 구분된다.

소결형 용제는 광석 원료분말, 합금분말 등을 규산나트륨과 함께 저온상태에서 소정의 입도를 통해 공급되어져서 소결된다. 소결이란 가압하여 형상화시킨 분말체가 녹으면서 서로 밀착하여 고결되는 것을 말한다.

소결형 용제에 페로실리콘, 페로망간 등을 함유시켜 직접 탈산작용을 하게 한다.

여기에 니켈, 크롬, 몰리브덴 등의 합금금속을 추가하면 용착금속의 화학성분이나 기계적 성질을 조정할 수 있다.

용접 시 첨가되는 합금금속은 모재의 종류와 용접부위의 종류에 따라 정해진다. 첨가에 사용되는 합금금속은 와이어에 첨가하여 만들거나 플럭스에 함께 첨가하여 사용한다.

용융형 플럭스는 모재의 두께가 두껍고 고속 용접이 요구될 때 사용한다. 소결형 플럭스는 첨가시키는 합금금속의 변경이 쉽기 때문에 용접에 사용되는 모재의 특성이 자주 바뀌는 경우에 적합하다.

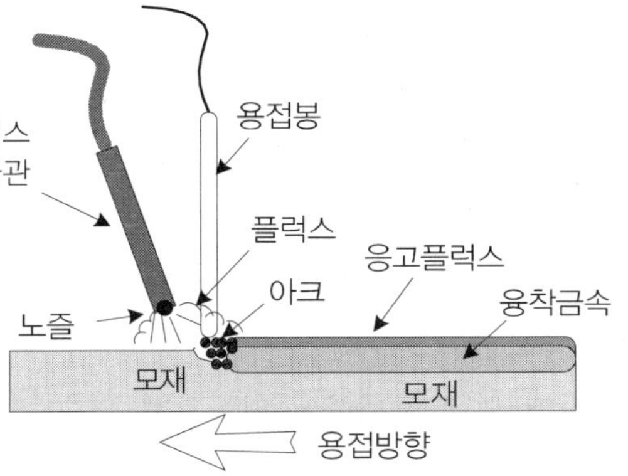

그림 17-3 서브머지드 용접

서브머지드 아크 용접은 다른 방법의 아크 용접보다 높은 고열을 발생하기 때문에 접합부의 인성을 저하시키는 단점을 가지고 있다.

용제(플럭스)란 용접에서 모재와 용접봉이 용융되어 융착시키는 것이다. 이때 융착금속이 고열에 의해 용융되면서 산화가 촉진되어 산화피막이 발생된다. 이 피막은 모재의 접합을 방해하고 내부에 남아 기공을 생기게 한다.

이는 결함을 일으키는 주요 원인이 되기 때문에 결함을 줄이기 위해서는 산화피막이 적게 발생되도록 해야 하는데 이 역할을 용제가 하게 된다. 피막을 생성을 줄이기 위해서는 외부 공기를 차단하는 방법과 산화가 일어나는 화학반응을 줄이는 방법이 있다. 용제는 외부 공기를 차단하는 역할과 반응을 줄이는 역할 그리고 발생된 산화피막을 제거하는 역할을 동시에 수행한다. 산화피막은 녹아서 용접금속 위쪽으로 떠오르게 되는데 이를 슬래그라고 한다.

정리하면 용제는 모재를 용접봉과 함께 용융하여 접합할 때 용융 금속의 산화를 방지하기 위하여 화학작용을 일으키지 않도록 첨가하는 물질을 말한다. 이 물질이 용접부위에 도포되면서 공기나 가스를 차단하는 역할과 금속과 함께 용융되면서 산화피막을 녹이는 역할이다. 용제 종류에는 탄산석회, 붕사, 규사, 소다회, 합금분말 등을 다양한 광석물질이 사용된다.

(3) 불활성 가스 용접

가스 용접의 일종이다. 불활성 가스를 용접부위에 공급하여 외부 공기가 차단되게 한다. 불활성 가스에는 아르곤이나 헬륨, 탄산가스가 있다. 가스 용접에 사용되는 전극은 텅스텐봉 또는 금속봉이 사용된다. 불활성 가스 용접은 쉴드 아크 용접이라고도 한다.

텅스텐봉을 사용하여 발생하는 아크를 이용하는 용접은 TIG 용접이다.

금속봉을 사용하여 발생되는 아크를 이용하는 용접은 MIG 용접이다.

TIG 용접법은 텅스턴 봉을 이용하기 때문에 전극이 비소모성이다. 따라서 별도로 용가제를 공급해야 한다. MIG 용접은 금속봉을 사용하기 때문에 소모성 전극이다. 금속봉은 용가제와 전극 기능을 같이 한다.

TIG 용접과 MIG 용접에 대해 자세하게 알아보자.

① TIG 용접법

TIG(Tungsten Inert Gas arc welding) 용접법은 가스 용접과 마찬가지로 텅스텐봉을 전극으로 사용한다. 비소모성의 텅스텐이 전극(봉)으로 사용되기 때문에 텅스텐 전극이 소모되지 않는다. 비소모식 불활성 가스 아크 용접법이라고도 한다.

TIG 용접에 사용되는 전기는 교류와 직류 둘 다 사용이 가능하다. 그리고 펄스를 이용한 펄스법이 있다. 직류를 이용하는 TIG 용접법은 (+)전극에 비해 (−)전극에서 더 높은 열이 발생되기 때문에 (+)극을 어디에 사용하느냐에 따라 다른 특성을 보인다.

만일 모재를 (−)전극을, 용접봉에 (+)전극을 사용하면 모재에 발생하는 열이 높아 깊은 용입을 일으킨다. 반대로 용접봉을 (−)전극을 모재에 (+)전극을 사용하면 용접봉에 더 높은 고열이 발생하게 되어 용입이 얇아지고 넓어지는 특성을 보인다. 그 외 TIG 용접의 특징을 살펴보면 다음과 같다.

- TIG 용접은 불활성 가스를 이용하여 외부공기를 차단하므로 슬래그의 발생이 적다.
- 낮은 전류에서도 안정적인 아크를 얻을 수 있다.
- 대부분의 금속에 용접이 가능하다.
- 일반 아크 용접보다 용접작업이 쉽다.

② MIG 용접법

MIG(Metal Inert Gas arc welding) 용접법은 직류성 아크 용접법이라 한다. 또는 용극성 아크 용접법 또는 소모식 불활성 가스 아크 용접이라고 하기도 한다. 사용하는 보호가스의 종류에 따라 MIG, MAG, CO_2 용접으로 구분된다.

- MIG 용접에 사용하는 보호 가스 : Ar, Ar + He, Ar + O_2
- MAG 용접에 사용하는 보호 가스 : Ar + CO_2

• CO_2 용접에 사용하는 보호 가스 : CO_2

MIG 용접은 TIG 용접과는 달리 직류만을 사용한다. 용접봉을 전극으로 사용하여 아크를 발생시킨다. 용접봉에 해당되는 전극 와이어는 회전롤에 감겨 있다가 연속적으로 공급된다. 전극의 극성은 용접봉(와이어)은 (+)전극을 연결되고 모재는 (−)전극이 연결된다. 전극 와이어는 일정한 속도로 연속으로 공급되고 와이어는 아크 열에 의해 모재와 함께 용융되어 접합된다.

전극 와이어는 미피복재이고 1.0~2.4mm의 나심선을 이용한다. 와이어는 지름이 적기 때문에 전류밀도가 높아 고열이 쉽게 발생되고 용융성이 좋아 두꺼운 판을 용접하는데 유리한다. 슬래그가 발생되지 않아 피복아크 용접에 비해 작업속도가 빠르다. 알루미늄 용접에 많이 사용된다.

③ CO_2 용접

용접중에 용융부위가 공기와 접촉하면 화학반응이 일어나면서 산화가 발생하는데 이를 방지하기 위하여 보호 가스를 이용한다. 보호 가스는 용접부에 공기가 접촉되는 것을 차단하는 역할을 한다. 보호 가스에는 불활성 가스가 이용된다. 아르곤이나 헬륨 등의 불활성 가스는 가격이 비싸기 때문에 저렴한 이산화탄소를 많이 이용한다.

그러나 이산화탄소는 불활성 가스가 아니기 때문에 고온상태에서 산화되는데 이를 방지하기 위해 탈산제를 사용하거나 이산화탄소를 다른 가스를 혼합하여 사용한다. 탈산제는 용접봉 재료에 다른 물질을 같이 섞어서 사용하는 방법, 용접봉에 탈산제가 함유된 피복을 입혀 사용하는 방법, 사용하는 가스에 산소 등의 다른 가스를 혼합하여 사용하는 방법이 있다.

이상에서 언급한 방법을 사용하지 않고 CO_2 가스만을 사용하여 용접하면 용접부에 블로우홀 같은 결함이 발생할 가능성이 훨씬 높다.

④ 원자수소 아크를 이용한 용접

텅스텐으로 된 두 전극 사이에 전압을 걸어 아크를 발생시키는 용접법이다. 이 방법은 가스방전을 통해 아크를 발생시키는 방법이 아니다. 텅스텐 전극에는 비교적 낮은 전압을 가한다. 때문에 이때 발생되는 아크의 열은 높지 않다. 여기에 분자 상태의 수소가스를 불어 넣으면 아크열에 의해 분자수소가 원자수소로 분해되었다가 다시 환원(분자수소로 돌아옴)되면서 아주 높은 고열을 발생된다. 이 열을 이용하여 용접한다.

투입된 수소가스는 대부분 환원되기 때문에 용융시 산화나 질화가 적게 발생되어 슬래그가 거의 발생되지 않는다. 용접부의 기계적 강도가 높아 얇은 판재의 용접에 유리하다. 합금이나 경합금을 용접할 때도 사용된다.

⑤ 아크 점(스포트) 용접

아크의 방전 불꽃은 한쪽 방향으로 집중되는 성질을 가지고 있다. 이 집중성을 이용하여 두 장의 판을 겹쳐 용접하는데 사용된다. 두 장의 판을 서로 일정부분 겹치게 한 다음 위쪽면에서 아크를 발생시키면 집중된 아크에 의해 위판에는 구멍이 뚫리게 되고 아래쪽에 위치한 두 번째 판재는 판은 용융되면서 두 판재가 국부적으로 접합된다. 용접하는 판이 아주 두꺼울(6mm이상) 때는 위판에 구멍을 미리 뚫은 다음 용접하기도 한다. 이러한 용접법을 아크 점용접이라고도 한다.

⑥ TIG 용접과 MIG 용접 특징

- TIG 용접
  - 텅스텐 전극을 이용한다(비소모성 전극이다).
  - 직류 TIG 용접법과 교류 TIG 용접법 그리고 펄스 TIG 용접법이 있다.
  - 보호 가스는 아르곤이나 헬륨 등을 사용한다.
  - TIG 용접은 부피가 크거나 두꺼운 판(후판)의 용접에는 부적당하다.
  - 부피가 작은 물체나 박판 용접에 적합하다.
- MIG 용접
  - 소모성 적극을 사용한다.
  - 미피복 용접봉을 사용한다.
  - MIG 용접은 피복 아크 용접으로 TIG 용접보다 높은 전류로 용접한다.
  - 두꺼운 판의 용접에 유리하다.
  - 슬래그가 발생하지 않아 작업속도가 빠르다.
  - 알루미늄 또는 스테인리스 용접에 많이 사용한다.

4. 가스 용접

가스 용접(gas welding)은 가스가 연소될 때 발생되는 높은 열을 이용하여 용접하는 방법이다. 사용되는 가스는 산소와 아세틸렌이 가장 일반적이다. 그 외에 프로판, 수소 등이 있다.

아세틸렌은 아세톤에 녹여서 용기(bomb)에 담은 형태를 용해 아세틸렌이라 한다. 물과 탄산염을 섞어 만들어지는 발생기를 이용한다. 산소는 압축된 산소를 이용한다. 아세틸렌과 산소를 일정한 비율로 혼합하여 용접 토치 끝 노즐에서 분사시키면서 점화시키면 강한 불꽃이 생기면서 연소된다. 이때 발생되는 불꽃의 온도는 3000℃ 정도이다.

박강판, 동판, 알루미늄 등의 용접에 사용된다.

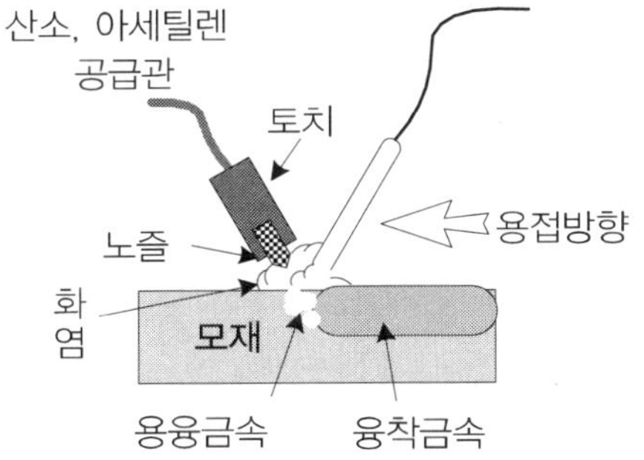

그림 17-4 가스 용접

5. 특수 용접

특수 용접에도 다양한 용접법이 있지만 일반적으로 많이 알려져 있는 테르밋 용접에 대해서만 알아보고자 한다.

■ 테르밋 용접

금속 산화물이 알루미늄에 산소를 빼앗기면서 고열이 발생하는 화학반응을 테르밋 반응이라 한다. 테르밋 용접은 용접열원을 외부에서 가하는 것이 아니라 주입된 산화물에서 발생되는 테르밋 반응으로 금속을 녹여 모재에 주입시켜 용접하는 방법이다. 화학반응의 원리를 살펴보자.

알루미늄을 산화철과 섞으면 산화철과 반응하면서 알루미나가 되는데 이때 고열의 화학반응이 일어난다. 철강용 테르밋제는 알루미늄 분말과 산화철 분말을 1~3 : 1로 혼합하여 사용한다.

- **테르밋제** : 산화철분말(3) + 알루미늄 분말(1)
- **점화제** : 관산화바륨 + 알루미늄
- **용융온도** : 3000℃

테르밋제에 불을 붙여 점화시키거나 점화제를 이용하여 점화시키면 화학반응을 일으키면서 발화된다. 약 3000℃ 정도의 고열이 발생되는데 이때의 열로 산화알루미늄과 모재가 함께 용융되면서 접합된다.

테러밋 용접에 많이 사용되는 기법은 테르밋 주조 용접법이다. 테르밋 주조 용접법은 테르밋이 들어 있는 도가니와 테르밋 주형으로 구성되어 있으며, 테르밋 주형내 도가니에 테르밋 반응으로 용융된 금속을 도가니 주입구를 통해 주형 속에 주입하여 용접 흠간격 부분을 용착시키는 방법이다. 용접 흠에는 800~900℃로 열을 가하여 용융금속과 모재의 용합이 잘 되도록 한다.

두 번째로 가압 테르밋 용접법은 모재를 맞대어 놓고 가열하면서 모재 사이에 테르밋 반응에 의해 생긴 용융금속을 주입한 후에 압착하여 접합하는 방법이다.

테르밋 용접법의 특징은 다음과 같다.

- 열원으로 전기를 사용하지 않는다.
- 용접작업이 단순하다.
- 용접설비가 단순하고 저렴하다.
- 작업장소의 이동이 용이하다.
- 용접시간이 짧다.
- 야외에서 작업이 가능하다.

18장 철 강

1. 철

이 장에서는 용접재료로 사용되는 금속인 철, 철강, 합금강 등을 제조하는 방법과 제조법이 가지는 특성에 대하여 살펴보고자 한다.

금속의 일종으로 분류되는 철은 1500℃ 정도에서 녹는다. 비중은 7.8로서 대표적인 중금속이다. 철을 많이 함유하고 있는 철광석을 녹이면 철이 만들어진다. 철광석에서 철을 녹여 빼내는 작업을 제련이라 한다. 제련할 때 사용하는 장치는 용광로 또는 고로(高爐)라고 한다. 철광석을 고로에 넣고 제련하면 철이 만들어진다. 이때의 철은 선철(무쇠)이라 한다. 선철은 4.5%의 탄소와 6% 정도의 불순물을 가지고 있다. 불순물은 실리콘, 망간, 인, 황 등이 있다.

선철을 정련하면 강이 된다. 강은 철에 함유된 탄소의 량을 인위적으로 조절한 경우에 호칭하는 말이다. 제련할 때는 선철과 철부스러기와 함께 넣어 제련하는데 탄소량을 필요에 따라 인위적으로 조절한다. 강은 탄소강 또는 철강이라 한다. 철은 탄소의 함유량에 따라 특성이 달라진다. 탄소의 함유량이 적으면 물러지고 함유량이 많으면 단단해진다.

- **철강(탄소강)의 성질** : 탄소강의 성질은 탄소의 함량에 따라 결정되지만 같은 탄소량을 함유하여도 단조나 열처리에 의해 그 성질을 다르게 할 수 있다.

철강은 대량생산이 용이하고 가격이 저렴하며 품질이 균일하고 가공하기가 쉽다. 철강은 상온이나 고온에서 모두 가공이 가능하다. 탄소함유량이나 열처리방법에 따라 강도와 경도가 달라지기 때문에 다양한 기계적 성질을 가질 수 있다. 용도가 매우 광범위하고 현재 가장 많이 사용되고 있다.

(1) 탄소의 함유량에 따른 철의 호칭(1)
- 고탄소강 : 0.5% 이상
- 중탄소강 : 0.2~0.5%
- 저탄소강 : 0.2% 이하

(2) 탄소의 함유량에 따른 철의 호칭(2)
- 극연강 : 0.12% 이하
- 연강 : 0.20% 이하
- 반연강 : 0.3% 이하
- 반경강 : 0.40% 이하
- 경강 : 0.5% 이하
- 최경강 : 0.5% 이상
- 주철 : 3.0~3.6%

철의 상대적인 재료는 비철이다. 비철은 철 이외의 금속을 총칭하여 부르는 말이다. 비철금속의 종류로는 구리, 납, 주석, 아연, 금, 백금, 수은, 니켈, 알루미늄, 마그네슘, 규소, 인, 몰리브텐, 텅스텐 등 여러 비철금속들이 있다. 우라늄과 플로토늄도 비철금속에 속한다. 용접에서 많이 사용되는 철재료과 비철재료는 표 18-1과 같다.

표 18-1 용접에 많이 사용되는 철과 비철 종류

<table>
<tr><th>구 분</th><th>종 류</th><th>구 분</th><th>종 류</th></tr>
<tr><td rowspan="3">철</td><td>철(Iron)</td><td rowspan="3">비철</td><td rowspan="3">• 동 및 Cu(동)합금
• 니켈 및 Ni(니켈)합금
• 티타늄 및 Ti(티타늄)합금
• 알루미늄 및 Al(알루미늄)합금
• 아연 및 Zn(아연)합금</td></tr>
<tr><td>강(Steel)
• 탄소강
• 저합금강
• 스테인리스강</td></tr>
<tr><td>주철
• 회주철
• 백주처
• 가단주철</td></tr>
</table>

2. 제 련

제련은 광석을 고온(용광로)에서 녹여 금속을 뽑아내거나 전기분해를 통하여 필요한 순도의 금속을 추출하는 것을 말한다. 철광석에서 선철을 만드는 과정은 제선이라 한다. 철은 제련을 통해 만들어지며 이러한 과정 전체를 제선이라 한다. 철광석을 제련하여 선철로 만드는 방법, 즉 제선에 대해 살펴보자.

철광석은 자철석, 적철석, 갈철석, 기타 등으로 크게 구분된다.

철광석은 고로에 코크스(다공질의 고체연료)와 석회석을 적절히 배열한 후에 송풍구를 통해 고열의 공기(1200℃ 이상)를 불어 넣으면 코크스가 발화하면서 2000℃ 이상의 고온 상태가 된다. 이 열로 철광석에 함유되어 있는 철성분이 녹아 고로의 바닥에 고이게 되는데 이를 용융선철이라 한다. 용융선철은 불순물이 많이 함유하고 있다. 불순물을 적당한 양으로 조절(제거)하여 만들어진 철은 강이라 한다. 이러한 과정을 제강이라 한다.

불순물은 탄소, 망간, 규소, 크롬, 몰리브덴, 인, 황, 알루미늄 등이 있다. 철에 함유된 불순물은 철의 특성을 변화시키기 때문에 함유량을 조절하여 원하는 특성을 가진 강을 만든다. 철에 섞어 있는 불수물은 합금이란 말로 사용되기도 한다. 합금원소로 탄소만 첨가한 강은 탄소강이라 하고 탄소 외의 합금원소를 첨가하면 합금강이라 한다.

3. 철 강

강의 또 다른 말이 철강이다. 선철에 탄소를 원하는 양만큼 함유시키면 탄소강이라 한다. 제련한 강을 정련하면 필요한 성질을 가진 철강을 만들 수 있다. 철강은 압연과 단조 그리고 주조를 통해 원하는 형태의 강재로 가공된다. 강재는 강으로 만들어진 재료를 말한다.

철강에 탄소만을 첨가하면 탄소강, 탄소 외에 다른 합금원소를 첨가하면 합금강이라 한다고 하였다. 철은 탄소의 함유량이 높아지면 강도는 높아지나 부서지는 정도가 크기 때문에 소성가공이 어렵다. 소성가공이란 압연으로 가공하여 강재를 만드는 것을 말한다.

주철은 3% 가량의 탄소를 함유한 선철이다. 용융온도가 낮기 때문에 녹여서 만든 주물를 틀에 부어 만드는 주조에 많이 사용된다. 주강은 주철보다 탄소 함유량이 적은 강을 주물로 만든 강을 말하며 주강은 주철에 비해 강도가 높다.

4. 특수강

특수강은 탄소외에 다른 합금원소를 첨가하여 특수한 성질을 가지게 한 강을 말한다. 첨가하는 합금원소에는 크롬, 니켈, 망간, 텅스텐, 몰리브덴, 알루미늄, 규소, 지르코늄, 티탄, 코발트, 붕소, 우라늄, 구리, 납 등이 있다. 첨가 원소의 효과는 다음과 같다.

- 니켈 : 저온에서 인성을 증가시킨다.
- 크롬 : 내식성과 내마모성을 증가시킨다.
- 몰리브덴 : 탬퍼 취성을 방지한다.
- 구리 : 고온에서 강도와 경도를 증가시킨다.
- 티탄, 지르코늄 : 전기적 특성과 내열성이 좋아진다.

특수강을 분류하는 방법에는 첨가하는 원소의 함유량에 따라 분류하거나 특수원소의 종류에 따라 또는 특수강의 용도에 따라 분류하고 있다.

첨가되는 원소함유량에 의한 분류에는 고합금강과 저합금강으로 구분되고, 함유된 특수원소의 종류에 의한 분류에는 니켈강, 크름강, 니켈크롬강, 몰리브덴강, 텅스텐강 등이 있다.

고합금강과 저합금강은 탄소이외에 첨가되는 원소의 양에 따라 구분되는데 첨가한 원소의 총량이 5% 이하이면 저합금강이라 하고 5~10%는 중합금강, 10% 이상이면 고합금강이라 한다.

- 첨가 원소함유량에 의한 분류 : 고합금강, 저합금강
- 함유 원소의 종류에 의한 분류 : 니켈강, 크름강, 니켈크롬강, 몰리브덴강, 텅스텐강

특수강의 용도에 의한 분류에는 구조용강, 공구용강, 내식 및 내열용강, 특수목적용강 등이 있다. 구조강은 기계부품의 재료로 많이 사용되기 때문에 기계구조강이라고도 하며 일반적으로 가장 많이 사용되는 강이다. 구조강은 강인강, 고장력강, 표면경화용강으로 구분된다. 강인강은 강도와 인성이 뛰어난 강이며 합금량이 1%전후인 저합금강에 속한다.

고장력강은 항장력을 조절하여 용접성이 좋도록 만든 강이다. 선박이나 교량, 가스탱크에 사용하는 강이다. 용접성을 좋게 하기 위해 0.25%의 탄소량을 첨가한다.

표면 경화용강은 표면에 압축응력이 좋게 하고 내부는 인장응력이 좋게 하여 경도를 증가시킨 강을 말한다.

구조강은 전체적으로 점성이 우수하고 강도가 좋으며 주조성과 단조성이 양호한 특성을 가지고 있다. 크랭크 축이나 기어, 볼트 등에 사용된다.

공구용 합금강은 내마모성과 내열성, 내식성, 강도 등이 아주 우수하다. 금속이나 플라스틱, 목재 등을 가공하는데 사용되는 절삭공구나 게이지 등을 만드는데 사용된다.

공구강은 탄소공구강, 합금공구강, 고속도공구강으로 구분되고 합금공구강은 수냉경화형 공구강, 내충격용 공구강, 냉강가공용 공구강, 열간가공용 공구강으로 다시 구분된다.

고속도강은 고온에서도 높은 경도를 가지기 때문에 내마모성이 우주 우수하다. 금속을 빠른 속도로 동작시켜 절삭하는 절삭공구에 사용된다.

표 18-2 특수강의 분류와 특징

<table>
<tr><th>분류</th><th>종 류</th><th>특 징</th></tr>
<tr><td rowspan="4">구조용 합금강</td><td>강인강</td><td>• 담금질한 후 뜨임하여 기계적으로 뛰어난 성질을 가진다.
• 탄소를 0.3~0.4%에 첨가 원소를 넣어 만든다.
• 니켈크롬강(Ni-Cr강)
• 크롬강(Cr강)
• 크롬 몰리브덴강(Cr-Mo강)</td></tr>
<tr><td>고장력강</td><td>• 항장력을 조절하여 용접성이 좋다.
• 0.2% 탄소를 함유시키고 규소, 망간, 니켈, 크롬, 구리 등을 첨가하여 높은 강도를 가지도록 한다.
• 여기에 담금질과 뜨임 같은 열처리를 통해 강도를 더 높여 80~100kg의 강도를 가진다.</td></tr>
<tr><td>초강력강</td><td>• 용접성은 떨어져도 높은 항장력을 가진다.
• 항공우주용으로 사용된다.</td></tr>
<tr><td>표면경화용강</td><td>표면이 경도가 높아 마모도나 피로도가 좋은 특성을 가진다.</td></tr>
<tr><td rowspan="3">공구용 합금강</td><td>탄소공구강</td><td rowspan="3">• 탄소공구강에 크롬 몰리브덴, 니켈 등을 첨가하여 높은 강도를 가지도록 한다.
• 고온에서 경도 감소가 적다.
• 절상, 전단 등의 공구에 사용된다. 톱날, 드릴날이다.
• 경도가 높다. 내마모성이 크다, 강인성이 높다.</td></tr>
<tr><td>합금공구강</td></tr>
<tr><td>고속도 공구강</td></tr>
<tr><td rowspan="2">내식, 내열용강</td><td>스테인리스강</td><td rowspan="2">• 화학적으로 우수한 성질을 가진다.
• 고열에서 기계적 성질을 유지한다.
• 화학, 식품공업의 제조장치, 열교환기, 바이트, 내연기관 장치, 터빈 날개 등에 사용된다.</td></tr>
<tr><td>내열강</td></tr>
</table>

내열강은 고온에서 화학적으로 우수한 성질을 가지고 있고 고온에서도 경도와 열 피로도 등의 기계적 성질이 우수하다. 그리고 고온에서 변태가 일어나지 않도록 조직이 안정화되어야 하고 열에 의한 변형이 낮다. 내연기관의 배기관에 많이 사용된다.

내식·내열용 강은 스테인리스강과 내열강이 있다. 스테인리스강은 다량의 크롬을 첨가하여 만든 강으로 내식성이 아주 우수하기 때문에 녹이 잘 슬지 않는다.

내열강은 크롬만을 함유하거나 크롬과 니켈외 다른 첨가 원소를 포함한다. 고온에서 기계적 성질을 유지하고 산화 등 화학작용에 잘 견디는 강으로 내산화성, 내고온성, 내고온 부식성, 고온에서 강도가 우수한 특성을 가지고 있다.

부 록

1. 금속재료 관련 용어

- 강(철강) : 일반적으로 철에 탄소를 넣은 탄소강을 말한다., 철강, 탄소강 모두 같은 의미이다.
- 강도 : 외부 힘에 의해 파괴되지 않고 버티는 힘의 정도를 말한다.
- 결정변태 : 철이 온도에 따라 원자배열이 틀려 결정이 다르게 되는 것을 말한다.
- 경도 : 금속이나 광물 등에 많이 사용하는 말로서 물체의 단단한 정도를 말한다.
- 고로 : 용광로의 다른 말로 철광석으로부터 선철을 추출하는 사용되는 장치로 내화벽돌로 만든 본체 그리고 열풍기로 구성된다. 발열을 무엇으로 하느냐에 따라 코크스선고로, 목탄선고로, 전기선고로 등이 있다.
- 구리 : 비철금속으로 황동광을 제련하여 얻는다. 광택이 좋고 황금색을 가지고 있다. 전기와 열을 잘 전달한다. 전성과 연성이 좋아 가공하기 쉽다. 녹이 잘 슬지 않는다.
- 그리스 문자

대문자	소문자	읽기	대문자	소문자	읽기
A	α	알파	N	ν	뉴
B	β	베타	Ξ	ξ	크사이
Γ	γ	감마	O	o	오미크론
Δ	δ	델타	Π	π	파이
E	ε	엡실론	P	ρ	로
Z	ζ	제타	Σ	σ	시그마
H	η	에타	T	τ	타우
Θ	θ	세타	Υ	υ	입실론
I	ι	요타	Φ	φ	피이
K	κ	카파	X	χ	키
Λ	λ	람다	Ψ	ψ	프사이
M	μ	뮤	Ω	ω	오메가

- 금속 : 원소가운데 고체가 되었을 때 광택이 나고 열과 전기전도율이 좋고 전성과 연성을 가진 홑원소 물질을 말한다. 금속은 철금속, 비철금속, 비금속으로 구분된다.
- 냉간압연 : 상온이나 높이 않은 온도에서 눌러 가공하는 것이다.
- 보통강 : 열처리를 하지 않고 강에 포함되는 성분들에 대한 조절이 없이 만든 강이다.
- 비금속 : 금속이 아닌 재질을 말한다. 흙, 돌, 나무, 종이, 플라스틱, 고무, 유리 등이다.

- **비철금속** : 철 이외의 금속이다. 철금속보다 녹는점이 낮고, 열 및 전기전도도가 우수하며 금, 은, 구리, 알루미늄, 망간 등이 있다.
- **산화철** : 철이 산소와 반응하면 붉게 녹이 생기는데 이를 산화철이라 한다. 상온보다 고온에서 산화반응이 더 빠르게 일어난다.
- **선철** : 철광석을 고로에서 제련한 철, 4.5%탄소와 6% 불순물을 함유하고 있다. 강의 특징인 인성이 부족한 특징이 있다.
- **소성** : 여러 원료를 섞어(혼합하여 반죽)서 가열하면 경화성 물질로 변화되면서 소재가 만들어지는데 이 과정을 소성이라 한다. 흙이 열에 의해 도자기로 바뀌는 것을 소성이라 한다.
- **쇠** : 광물에서 산출되는 모든 금속(쇠붙이)을 통칭하여 부르는 말, iron 강철은 steel이다.
- **알루미늄** : 금속 원소 중의 하나로 은백색을 가지고 물러 가공성이 좋다. 장석, 운모, 보크사이트, 고령토에서 생산된다. 자성이 없고 가벼우며 녹이 잘 슬지 않는다. 열이나 전기전도율이 좋다.
- **알루미늄 합금** : 알루미늄은 가볍지만 무르기 때문에 마그네슘, 구리, 규소, 아연을 섞어서 강도를 높인다. 비행기동체, 자동차부품, 기계부품에 많이 사용된다.
- **연성** : 잡아당길 때 탄성의 한계를 넘어도 파괴되지 않고 늘어나는 성질을 말한다.
- **열간압연** : 강괴를 고온의 회전롤러 사이에서 눌러져 판이나 봉으로 가공하는 것이다.
- **인성** : 재료가 지닌 점성의 강도로서 끊어지지 않고 버티는 정도, 질긴 성질을 말한다.
- **전성** : 두드리거나 눌러서 잘 펴지는 성질을 말한다.
- **정련** : 용융된 선철에 탄소량을 조절하여 원하는 강의 세기로 만드는 것이다.
- **제련** : 광석을 고온(용광로)에서 녹여 금속을 뽑아내거나 전기분해를 통하여 필요한 순도의 금속을 추출하는 것을 말한다.
- **제선** : 철광석을 고로에 넣어 제련하여 선철을 만드는 공정이다.
- **주강** : 강철을 녹여서 주물로 만드는 것을 말한다.
- **주물** : 주형에 쇳물을 부어 모양을 만드는 것을 말한다.
- **주물** : 주형에 주철을 녹인 쇳물을 부어 제품을 만든다.
- **주철** : 탄소 함유량 3.0~3.6%의 선철을 말하며 강도(단단하다)가 좋고 녹이 잘 슬지 않는다. 주철은 규소, 망간, 인, 황의 성분을 함유하고 있으며 주철을 녹여서 주물을 만든다. 연성, 전성이 부족하여 잘 갈라지기 때문에 압연에는 부적당하다.

- **주형** : 모래로 모양을 만든 틀을 말한다.
- **철** : 금속의 일종으로 연성과 전성이 좋고 자성이 강하고 1500℃ 정도에서 녹는점을 갖는다.
- **철금속** : 철이 주성분인 금속이다. 열처리를 통해 쉽게 성질을 변화시킬 수 있다. 금속 성질은 강도, 경도, 인성이 있으며 철금속은 이러한 성질이 우수한다. 주철, 강, 강철, 탄소강, 합금강, 스테인리스 등이 있다.
- **청동** : 구리에 주석을 섞어 만든다. 황동보다 강도가 좋고 녹이 잘 슬지 않는다. 상온에서 가공하기 어렵다. 주조로 회전날개(배, 펌퍼), 종, 식기 등의 제품을 만든다.
- **취성** : 외부의 힘이 가해질 때 늘어나지 않고 파괴되는 성질을 말한다.
- **탄성** : 외부 힘에 의해 휘어지거나 늘어나지만 외부 힘이 제거되면 원래의 모양으로 돌아가는 성질을 말한다.
- **탄소강** : 철(Fe)에 탄소만을 함유시킨 강을 말한다. 탄소량에 따라 특성이 다르다. 가공성이 좋고 강도와 경도가 우수하다. 탄소 함유량에 따라 저탄소강, 중탄소강, 고탄소강으로 구분한다.
- **특수강** : 강의 성질에 유해한 성분을 조절하고 열처리하여 만든 강이다.
- **합금강** : 탄소강의 성질을 보완하기 위하여 니켈, 크롬, 망간 등의 원소를 넣어 특정 성질을 향상시킨 강을 말한다. 탄소강에 비해 강도, 경도, 내열성, 내식성이 우수하다.
- **황동** : 구리에 아연을 섞어 만든다. 연성과 전성이 뛰어나 상온에서 가공이 가능하다.

2. 비파괴 검사 한국산업규격

1) 공 통

KS B 0550:1996	비파괴 시험 용어(2001. 10. 30. 확인)
KS B 0888:1999	배관용접부의 비파괴 검사방법(2004. 6. 30 확인)
KS W 0915:1985	항공우주용 비파괴 검사원의 기량인정기준
KS B ISO 9712:2001	비파괴 검사 기술자의 자격인정 및 인증(2001. 12. 4 제정)

2) 방사선 투과검사

KS A 4054:2000	방사선 투과시험용 투과도계(200. 12. 8 제정)
KS A 4606:1995	공업용 X선 장치(2000. 12. 5 확인)
KS A 4921:1995	공업용 γ선 장치(2000. 12. 5 확인)
KS B 0845:1999	강용접 이음부의 방사선 투과시험방법(2005. 5. 20 확인)
KS D 0227:2001	주강품의 방사선 투과시험방법 및 투과사진의 등급분류방법(2001. 12. 5 개정)
KS D 0237:1982	스테인리스강 용접부의 방사선 투과시험방법 및 투과사진의 등급분류방법(2002. 5. 28확인)
KS D 0239:1997	티탄 용접부의 방사선 투과시험방법(2002. 6. 10 확인)
KS D 0241:2001	알루미늄 주물의 방사선 투과시험방법 및 투과사진의 등급분류방법(2001. 12. 15 개정)
KS D 0243:1991	알루미늄 관의 원둘레 용접부의 방사선 투과시험방법(2001. 12. 13 확인)
KS D 0272:1990	용접부의 방사선 투과시험을 위한 시험방법 및 판정기준(2000. 12. 5 확인)
KS W 0913:1987	항공우주용 재료의 방사선 투과검사(2002. 7. 26 확인)
KS B ISO 5579:2001	X선 및 감마선을 이용한 금속재료의 방사선 투과검사 -기본원칙(2001. 12. 1 제정)
KS B ISO 116991:2001	공업용 방사선 투과사진 필름 제1부:공업용 방사선 투과검사를 위한 필름 시스템의 등급분류(2001. 12. 4 제정)

3) 초음파 탐상검사

KS B 0521:1999	알루미늄관 용접부의 초음파 경사각 탐상시험방법
KS B 0533:1995	초음파 펄스법에 의한 고체음속의 측정방법 (대비시험편을 사용하는 방법)(2000. 12. 5 확인)
KS B 0534:2000	초음파 탐상장치의 성능측정방법
KS B 0535:1995	초음파 탐촉자의 성능측정방법(2000. 12. 5 확인)
KS B 0536:1995	초음파 펄스 반사법에 의한 두께측정방법(2000. 12. 5 확인)
KS B 0544:1995	알루미늄 및 알루미늄합금 용접부의 초음파 탐상시험의 기술검정에서의 시험방법 및 판정기준(2000. 12. 5 확인)
KS B 0817:1996	금속재료의 펄스 반사법에 따른 초음파 탐상시험방법 통칙(2001. 10. 30 확인)
KS B 0831:2001	초음파 탐상시험용 표준시험편(2001. 12. 4 개정)
KS B 0896:1999	강 용접부의 초음파 탐상시험방법(2004. 6. 30 확인)
KS D 0040:1994	건축용 강판 및 평강의 초음파 탐상시험에 따른 등급분류와 판정기준(1999. 5. 3 확인)
KS D 0075:1994	티타늄관의 초음파 탐상검사방법(1999. 6. 23 확인)
KS D 0233:1995	압력 용기용 강판의 초음파 탐상검사방법(2000. 12. 5 확인)
KS D 0250:2001	강관의 초음파 탐상검사방법(2001. 12. 5 개정)
KS D 0252:1999	아크 용접 강관의 초음파 탐상검사방법

4) 자분탐상검사

KS D 0213:1994	철강재료의 자분탐상 시험방법 및 결함 자분모양의 등급분류(2004. 6. 29 확인)
KS B ISO 9934:2001	지분탐상검사 원리 및 검출매체(2001. 11. 29 개정)
KS D ISO 4986:2003	주강품 – 자분탐상검사(2003. 1. 7 제정)
KS W 4041:1984	항공우주용 자기탐상검사 방법(1999. 12. 29 확인)

5) 침투탐상검사

KS B 0816:2005	침투탐상 시험방법 및 지시모양의 분류(2005. 5. 20 개정)
KS W 0914:1996	항공우주용 기기의 침투탐상검사 방법(2001.11.3 확인)
KS B ISO 3452:2001	침투탐상검사 일반원리(2001.11. 29 제정)
KS B ISO 3453:2001	침투탐상검사-검증수단(2001.12.1제정)
KS B ISO 9935:2001	침투탐상 결함검출기-일반기술요건(2001.12.1제정)
KS D ISO 4947:2003	주강품의 침투탐상검사(2003. 1. 7. 제정)

6) 와류탐상검사

KS D 0074:1994	티늄관의 와류탐상검사 방법(1999. 6. 23 확인)
KS D 0214:1991	동 및 동합금 관의 와류탐상 시험방법(2001. 12. 13 확인)
KS D 0232:1995	강의 와류탐상 시험방법(2000. 12. 5 확인)
KS D 0251:2002	강관의 와류탐상 검사방법(2002. 11. 20 개정)

7) 육안검사

KS D 0208:2001	강의 소지 홈 육안시험방법(2001.12.11 개정)
KS D ISO 3058:2001	육안검사의 보조기구(2001. 11. 29 개정)

8) 음향방출

KS B ISO 12713:2002	탐촉자의 1차 교정(2002. 10. 21 제정)
KS D ISO 12714:2002	음향방출 센서의 2차 교정(2002. 10. 21 제정)

3. 비파괴 검사 국제표준규격

1) 공 통

ISO 9712:1999	Nondestructive testing – Qualification and certification of personnel.
ISO 11484:1994	Steel tubes for pressure purposes – Qualification and certification of Nondestructive testing(NDT) personnel
ISO 65201:1998	Welding and allied processes Classification of geometric imperfections in metallic materials part 1 : fusion welding.
ISO 3882:1986	Metallic and other nonorganic coatings – Review of methods of measuremen tof thickness.
ISO 5817:1992	Arc–welded joints in steel Guidance on quality levels for imperfections.
ISO 10042:1998	Arc–welded joints in aluminum and its alloysGuidance on quality levels for imperfections.
ISO/IEC 170201998	General criteria for the operation of various types of bodies performing inspection.
ISO/IEC 170251999	General requirements for the competence of tesing and calibration laboratory.

2) 초음파 탐상검사

ISO10375:1997	Non–destructive testing–Ultrasonic inspection–Characterization of search unit and sound field.
ISO 2400:1972	Welds in steel – Reference block for the calibration of equipment for ultrasonic examination.
ISO12715:1999	Ultrasonic Non–destructive testing–Reference blocks and test procedures for the characterization of contact search unit beam profiles.
ISO 7963:1985	Welds in steel–Calibration block No.2 for ultrasonic examination of welds.

4. A급 용역 검사계획(권고안)

비파괴 검사계획서

관리번호 : 20**-**-****

① 사업자	② 상 호		③ 주 소		
	④ 등록번호		⑤ 등록방법		
⑥ 검사 개요	⑦ 발 주 자			담당자 :	
	⑧ 용 역 명				
	⑨ 용역기간			⑩ 용역등급	
	⑪ 검사대상물			⑫ 검사물량	⑬ 검사방법
⑭기술기준				⑮ 평가기준	
⑯ 투입 인력	⑰ 성 명	⑱ 국가기술자격		⑲ 경력	⑳ 담당업무
	○○○				
	㉑ 활용계획서	○○○ – ○○○ – ○○○			
㉒ 투입 장비	㉓ 검사방법	㉔ 장비명	㉕ 모델	㉖ 수량	㉗ 교정유효일
	내용 추가 시 자료 #첨부3				
	㉘ 활용계획서				
㉙ 검사 절차서	㉚ 검사방법	㉛ 문서번호		㉜ 개정/발행일	㉝ 비 고
㉞ 품질 보증	㉟ 계획서 /품질인증서	㊱ 계획서명/인증기관	㊲ 문서/ 인증번호	㊳ 개정/유효 일자	㊴ 비 고
㊵ 안전 관리	㊶ 방사선/산업	㊷ 절차서명	㊸ 문서번호	㊹ 개정/유효 일자	㊺ 비 고
㊻ 협의사항					

비파괴 검사기술의 진흥 및 관리에 관한 법률 제13조 및 동법 시행령 제12조의 규정에 따라서 검사계획서를 작성 · 제출합니다.

2012년 00월 00일

㊼ 책임자 성명 : (서 명)

㊽ 사 업 자 명 : (직 인)

ㅇㅇ주식회사 귀하

※ ㊾ 첨부서류 (내용 추가 시 자료 첨부) 1. 검사대상물, 검사물량, 검사방법, 기술기준, 평가기준 #첨부1 2. 투입 인력/기술자격 활용계획서 #첨부2 3. 투입 장비 활용 계획서 #첨부3	4. 검사 절차서 (검사방법별) #첨부4 5. 품질보증 계획서 #첨부5 6. 안전관리 계획서 #첨부6 7. 협의사항 #첨부7

5. A/B급 용역 검사결과서(권고안)

비파괴 검사 결과서

관리번호 : 20**-**-****

① 사업자	② 상 호		③ 주 소		
	④ 등록번호		⑤ 등록방법		
⑥ 검사 개요	⑦ 발 주 자				
	⑧ 용 역 명				
	⑨ 용역기간			⑩ 용역등급	
	⑪검사대상물			⑫ 검사물량	⑬ 검사방법
⑭ 기술기준/관련규격				⑮ 평가기준	KS-A-****
					#첨부1
⑯ 투입 인력	⑰ 성 명	⑱ 국가기술자격	⑲ 자격번호	⑳ 취득일자	㉑ 서명
	내용 추가 시 자료 #첨부2				
㉒ 책임자	㉓ 성 명	㉔ 국가기술자격	㉕ 자격번호	㉖ 취득일자	㉗ 경력기간
㉘ 품질보증 변경 시 사유		변경 시 자료 #첨부3		㉙ 합의 이행 결과	적합#첨부6

비파괴 검사기술의 진흥 및 관리에 관한 법률 제13조 및 동법 시행령 제12조의 규정에 따라서 검사결과서를 작성 · 제출합니다.

2011년 00월 00일

㉚ 책임자 성명 : (서 명)

㉛ 사 업 자 명 : (직 인)

ㅇㅇ주식회사 귀하

※ ㉜ 첨부서류 (내용 추가 시 자료 첨부)

1. 검사대상물, 검사물량, 검사방법, 기술기준, 평가기준 #첨부1
2. 투입 인력/기술자격 활용계획서 #첨부2
3. 그 밖의 품질보증과 관련된 변경사항 (변경된 경우) #첨부3
4. 검사결과 종합보고서 #첨부4
5. 검사방법별 검사절차에 따른 결과 및 증빙자료 #첨부5
6. 발주자와 합의한 사항의 이행 결과 (필요한 경우) #첨부6

6. C급 용역 검사계획서/결과서 (통합 권고안)

검사계획서/결과서

관리번호 :   –

① 사업자	② 상 호		③ 주 소		
	④ 등록번호		⑤ 등록방법		
⑥ 검사 개요	⑦ 발 주 자				
	⑧ 용 역 명				
	⑨ 용역기간			⑩ 용역등급	
	⑪ 검사대상물			⑫ 검사물량	⑬ 검사방법
⑭ 기술기준/관련규격				⑮ 평가기준	
⑯ 투입 인력	⑰ 성 명	⑱ 국가기술자격	⑲ 경력	⑳ 담당업무	㉑ 서명
		내용 추가 시 자료 첨부			
㉒ 투입 장비	㉓ 검사방법	㉔ 장비명	㉕ 모델	㉖ 수량	㉗ 교정유효일
					필요시
					필요시
		내용 추가 시 자료 첨부			필요시
㉘ 책임자	㉙성 명	㉚ 국가기술자격	㉛ 자격번호	㉜ 취득일자	㉝ 경력기간
㉞ 검사 절차서	㉟검사방법	㊱문서번호		㊲ 개정/발행일자	㊳ 비 고
					필요시
					필요시
		내용 추가 시 자료 첨부			필요시
㊴ 품질 보증	㊵ 계획서 /품질인증서	㊶ 계획서명/인증기관	㊷ 문서/인증번호	㊸ 개정/유효일자	㊹ 비 고
					필요시
㊺ 안전 관리	㊻ 방사선/산업	㊼ 절차서명	㊽ 문서번호	㊾ 개정/유효일자	㊿ 비 고
					필요시
(51) 품질보증 변경 시 사유		변경 시 자료 첨부		(52) 합의 이행 결과	적합

비파괴 검사기술의 진흥 및 관리에 관한 법률 제13조 및 동법 시행령 제12조의 규정에 따라서 검사계획/결과서를 작성 · 제출합니다.

2011년 00월 00일

(53) 책임자 성명 : (서 명)

(54) 사 업 자 명 : (직 인)

ㅇㅇ주식회사 귀하

※(55) 첨부서류 (내용 추가 시 자료 첨부)

1. 검사결과 종합 보고서
2. 검사방법별 검사절차에 따른 결과 및 증빙자료
3. 발주자와 합의한 사항의 이행 결과 (필요한 경우)
4. 그 밖의 품질보증과 관련된 변경사항 (변경된 경우)

7. 검사결과서 서식 작성방법

1. 사업자 : 사업자를 기재한다.
2. 상호 : 회사명을 기재한다.
3. 주소 : 사업장 소재지 주소를 기재한다.
4. 등록번호 : 등록증의 등록번호를 기재한다.
5. 등록방법 : 비파괴 검사업 등록증의 등록된 검사방법을 모두 기재한다.

   예 RT, UT, MT, LT, PT, ECT
6. 검사 개요(비파괴 검사 용역에 대한 의뢰 내용 기재 또는 #첨부1)
7. 발주자 : 비파괴 검사를 의뢰한 사업체명을 기재한다.
8. 용역명 : 용역받은 내용을 기재한다.
9. 용역기간 : 비파괴 검사 용역 수행 기간을 기재(계약 기간)한다.
10. 용역등급 : 용역별, 용역금액, 용역기간으로 분류한 A급, B급, C급 기재한다.
11. 검사대상물 : 강구조물, 배관용접부 등 세부내용은 검사의뢰서 첨부한다.
12. 검사물량 : 검사방법별로 검사물량 기재한다.
13. 검사방법 : RT, UT, MT, PT, LT, ECT, 기타 등을 기재한다.
14. 기술기준 : 관계법령 및 고시(기준) 등에 제시된 기술기준(내용포함)을 기재한다.
15. 평가기준 : 산업규격(KS)과 판정기준을 기재한다.
16. 투입 인원(용역수행에 대한 발주자와 합의된 투입인력 계획 기재)
17. 성명 : 책임자, 검사자 성명을 기재한다(해당 교육훈련을 수료한 자).
18. 국가기술자격 : 협회에 등록된 국가기술자격을 기재한다.
19. 자격번호 : 협회에 등록된 국가기술자격증의 자격번호를 기재한다.
20. 취득일자 : 협회에 등록된 국가기술자격증의 취득일자(합격일 기준)를 기재한다.
21. 서명 : 투입인력의 서명을 기재한다.
22. 책임자(비파괴 검사 용역의 책임자 인력 기재)
23. 성명 : 책임자 성명을 기재한다.
24. 국가기술자격 : 책임자의 국가기술자격을 기재한다.
25. 자격번호 : 책임자의 국가기술자격증의 자격번호를 기재한다.
26. 취득일자 : 책임자의 국가기술자격증의 취득일자(합격일 기준)를 기재한다.
27. 경력기간 : 협회에 등록된 경력기간을 기재한다.

28. 품질보증 변경 시 사유 : 변경사유가 없을 시 '없음'을 기재한다.
29. 합의 이행결과 : "적합" 또는 "부적합"을 표시한다.
30. 책임자 서명 : 서명(사인)한다.
31. 사업자명 : 직인을 사용한다.
32. 첨부서류 : 첨부 자료이름을 기재한다.

찾아보기

비파괴 검사

2014년 1월 10일 1판 2쇄 발행

저 자 양 성 룡
발행인 남 승 우

발행처 도서출판 상尙 학學 당堂

서울시 동작구 사당로9가길 6(사당동 220-43)
TEL : 02) 595-1692 ~ 4
FAX : 02) 595-1394
E-mail : namdoo6@unitel.co.kr
신고 : 2-155호 (1968. 11. 29)

정가 17,000원

ISBN 978-89-6587-038-8 93560

〈디자인〉 편집 곽은옥 / 표지 나아기획